쉽게 찾는 우리 나물

초판 1쇄 발행 | 1998년 2월 28일
초판 17쇄 발행 | 2014년 3월 15일

지은이 | 김태정
펴낸이 | 조미현

표지 사진 | 구본창
인쇄 | 영프린팅
제책 | 쌍용제책사

펴낸곳 | (주)현암사
등록 | 1951년 12월 24일 · 제10-126호
주소 | 121-839 서울시 마포구 동교로12안길 35
전화 | 365-5051 · 팩스 | 313-2729
전자우편 | editor@hyeonamsa.com
홈페이지 | www.hyeonamsa.com

ⓒ 김태정 · 1998

*잘못된 책은 바꾸어 드립니다.
*지은이와 협의하여 인지를 생략합니다.

ISBN 978-89-323-0937-8 03480

쉽게 찾는 우리 나물

현암사

머리말

산업과 문명이 급속도로 발달한 오늘날, 환경 오염이 갈수록 심각해지면서 의식주(衣食住)의 모든 면에서 오염되지 않은 자연의 품으로 돌아가려는 사람이 많아지고 있다. 이는 그 동안 무심하게 지나쳐 왔던 자연 환경의 중요성에 대해 새롭게 인식하고 자연과 더불어, 자연 속에서 삶을 꾸려 나가려는 시도라는 생각에 반가운 마음이다. 또한 여기에 덧붙여 선조들이 풀과 나무가 어우러진 자연 속에서 삶을 일구며 우리에게 남긴 생활의 지혜를 되살려 활용하는 것도 바람직한 일이라고 생각한다.

우리 나라의 산과 들에는 모두 6,000여 종에 이르는 자생종과 외래종 식물이 자라고 있다. 이 중 목본류(木本類)가 약 30%, 초본류(草本類)가 70%를 차지하는데, 일찍이 우리 선조들은 산과 들에 흩어져 자라는 많은 풀과 나무 가운데 생활에 도움이 되는 것을 골라 건강식으로, 또는 질병을 예방하거나 치료하는 데에 적절하게 써 왔다. 그런데 풀과 나무를 유용하게 이용하면서도 한편으로는 자연에서 얻는 이 귀중한 자원을 정성스럽게 다루었다. 예를 들어 봄나물을 채취할 때는 반드시 새로 나온 떡잎만 조심스럽게 따고 줄기나 뿌리는 다치지 않게 하였다.

그래서 새봄에 아무리 나물을 뜯더라도 어김없이 다시 꽃피고 열매가 열리고 다음에는 더 많은 나물을 채취할 수 있었다. 몸에 좋은 것이라면 무조건 뿌리째 뽑아 가는 바람에 산과 들에서 흔하게 자라던 풀포기마저 자취를 감추고 개체수가 줄어들게 하고 마는 오늘날의 행태와는 사뭇 달랐다.

자연의 소중함을 자각하고 자연과 벗하는 일은 두말할 필요도 없이 바람직한 것이지만 자기만 잘살아 보겠다고 자연 생태계를 파괴하는 일은 더 이상 없어야겠다.

봄이면 길가에 냉이, 꽃다지, 쑥, 달래 등이 싱그럽게 피어나게 하고 후손들에게도 오염되지 않은 자연을 물려주려는 마음으로 자연과 만나야겠다. 이 책이 그 만남의 친절한 안내자가 되기를 바란다.

1998년 2월
김태정

● 일러두기

1. 이 책에는 모두 215종의 식물을 '주의해야 할 유독(有毒) 식물', '산나물', '들나물' 그리고 '바닷가·섬의 나물', '나무'로 나누어 실었다. 주의해야 할 유독 식물란은 혼동하기 쉬운 식물과 비교하여 수록하였으므로 꼭 알아 두어야 한다.
2. 나물은 자라는 곳에 따라 '산나물', '들나물', '바닷가·섬의 나물'로 나누었으며, 산나물은 '낮은 산', '높은 산'으로, 들나물은 '집 근처', '길가'로 나누어 실었다.
3. 부록에는 나물이 나오는 시기부터 채취, 보관, 요리 방법까지 도표와 함께 자세히 실었다.
4. '찾아보기'에서는 식물 이름을 가나다 순으로 정리하였다.
5. 나물의 자생지를 색깔별로 구분하여, 찾는 데 도움이 되게 하였다. (표지 날개 참조)

차례

머리말 3
일러두기 4

주의해야 할 유독 식물

동의나물 12
모데미풀 14
투구꽃 16
박새 18
여로 20
은방울꽃 22
천남성 24
참동의나물 26
삿갓나물 27
진범 28
흰진범 29
노랑투구꽃 30
큰연영초 31
피나물 32
애기똥풀 33
점현호색 34
미치광이풀 35
퐈리 36
앉은부채 37
요강나물 38
회리바람꽃 39
홀아비바람꽃 40
꿩의바람꽃 40

산나물

낮은 산

개별꽃 43
기린초 44
큰뱀무 45
오이풀 46
짚신나물 47
물레나물 48
고추나물 49
남산제비꽃 50
얇은잎제비꽃 51
졸방제비꽃 52
콩제비꽃 54
구릿대 55
까치수염 56
긴병꽃풀 57
꿀풀 58
광대수염 59
솔나물 60
뚝갈 61
잔대 62
도라지 63
더덕 64
초롱꽃 65
우산나물 66
등골나물 67
미역취 68
참취 69
톱풀 70
개쑥부쟁이 71
솜나물 72
뻰쑥 73
산쑥 74
멸가치 75

분취 76
수리취 77
절굿대 78
쇠서나물 79
산부추 80
하늘말나리 81
털중나리 82
각시둥굴레 83
둥굴레 84
고사리 85
고비 86
꿩고비 87

높은 산 연잎꿩의다리 89
금낭화 90
노란장대 91
미나리냉이 92
는쟁이냉이 93
뱀무 94
나비나물 95
애기괭이밥 96
태백제비꽃 97
고깔제비꽃 98
금강제비꽃 99
독활 100
붉은참반디 101
참나물 102
궁궁이 103
어수리 104
참좁쌀풀 105
큰앵초 106
금강봄맞이꽃 107
참꽃마리 108

당개지치 109
배초향 110
벌깨덩굴 111
산박하 112
방아풀 113
쥐오줌풀 114
솔체꽃 115
도라지모싯대 116
모싯대 117
염아자 118
만삼 1191
단풍취 120
개미취 121
곰취 122
민박쥐나물 123
큰엉겅퀴 124
큰각시취 125
산비장이 126
큰수리취 127
두메고들빼기 128
얼레지 129
산마늘 130
말나리 131
각시원추리 132
나도옥잠화 134
민솜대 135
풀솜대 136
금강애기나리 137
큰애기나리 138

들나물

집 근처
대황 141
며느리배꼽 142
명아주 143
흰명아주 144
비름 145
눈비름 146
쇠무릎 147
쇠비름 148
별꽃 149
냉이 150
말냉이 151
꽃다지 152
팽이밥 153
피마자 154
미국제비꽃 155
호제비꽃 156
미나리 158
꽃마리 159
들깨 160
차즈기 161
광대나물 162
가지 163
박 164
호박 165
머위 166
진득찰 167
지느러미엉겅퀴 168
지칭개나물 169
우엉 170
좀씀바귀 171
치커리 172
고들빼기 174

토란 175
닭의장풀 176
원추리 177

길가
모시풀 179
수영 180
소리쟁이 181
싱아 182
호장근 183
고마리 184
바보여뀌 185
벼룩이자리 186
점나도나물 187
쇠별꽃 188
대나물 189
장구채 190
순채 191
연 192
큰황새냉이 193
나도냉이 194
장대나물 195
돌나물 196
뱀딸기 198
가락지나물 199
양지꽃 200
갈퀴나물 201
단풍잎제비꽃 202
서울제비꽃 203
제비꽃 204
흰낚시제비꽃 205
진퍼리까치수염 206
앵초 207
봄맞이꽃 208

애기메꽃 209
메꽃 210
지치 211
병꽃풀 212
질경이 213
떡쑥 214
쑥부쟁이 215
벌개미취 216
민들레 217
서양민들레 218
개망초 220
쑥 221
엉겅퀴 222
뻐꾹채 223
씀바귀 224
흰씀바귀 225
왕고들빼기 226
보리뱅이 227
참나리 228
달래 230
무릇 231
쇠뜨기 232

섬말나리 244
고추나무 245
두릅나무 246
참죽나무 248

부록 / 나물, 나물 요리에 관하여

나물이 나오는 시기 251
나물을 뜯을 때 지켜야 할 점 251
나물 뜯는 시기와 방법 252
나물 요리법 253
나물 보관법 254
나물 요리의 키 포인트 255

찾아보기 271

바닷가, 섬의 나물 / 나무

대청 235
유채 236
번행초 227
갯무 238
살갈퀴 239
섬초롱꽃 240
방가지똥 241
울릉미역취 242
두메부추 243

주의해야 할 유독 식물

유독 식물 군락(박새, 동의나물, 피나물, 홀아비바람꽃 등)

주의해야 할 유독 식물

봄이나 초여름의 우리 나라 산에는, 우리가 즐겨 먹는 산나물과
모양과 색깔이 비슷하여 구별하기 어려운 유독성 식물(有毒性植物)이
군집을 이루어 자라므로 나물을 뜯을 때 특히 유의해야 한다.
먹을 수 있는 식물인지, 먹을 수 없는 식물인지 제대로 살피고
주의를 기울이는 일이 무엇보다 중요하다.

백합과의 박새 · 은방울꽃, 미나리아재비과의 홀아비바람꽃 ·
꿩의바람꽃 · 만주바람꽃 · 동의나물, 양귀비과의 피나물 · 왜현호색,
가지과의 꽈리 · 미치광이풀 그리고 천남성을 비롯한
천남성과의 모든 식물은 독성이 있어 먹지 못하는데 모양새가 비슷한
나물이 있으니 특히 조심해야 한다.
4월에 접어들면 박새 · 동의나물 · 홀아비바람꽃이 무리 지어 나오는데,
이 중 동의나물은 이름에 '나물'이란 말이 붙어 있어 먹을 수 있는
나물로 착각하기 쉬우나 유독성 식물이다.
이 외에도 유독 식물 가운데 삿갓나물, 요강나물 등도 '나물'이라는
이름이 붙어 있으므로 주의해야 한다.
또 온갖 풀이 앞다투어 꽃피고 잎이 나는 5월의 깊은 산 숲속에는
얼레지 · 둥굴레 · 말나리 등 먹을 수 있는 식물과
앉은부채 · 피나물 · 삿갓나물 · 미치광이풀 · 투구꽃 등
먹을 수 없는 식물이 함께 어우러져 자라므로 잘 구분해야 한다.
대체로 유독성 식물은 산에 많이 자라고 들녘에는
애기똥풀 · 현호색류 · 꽈리 정도이므로
봄나물은 들녘에서 채취하는 게 더욱 안전하다고 할 수 있다.

동의나물 ■ 혼동하기 쉬운 식물 ☞ 곰취

미나리아재비과
Caltha palustris var. membranacea TURCZ.

깊은 산 골짜기의 습지에 자라며
높이는 50㎝ 안팎이다. 산골짜기의 습기 있는
냇가에 자라며 3~4월에 새싹이 나와 4~5월에
별 모양의 꽃이 피는데 풀잎에 털이 없고
가지가 옆으로 뻗는다. 먹을 수 있는 곰취와
잎을 구별해 내기 어려울 정도로 비슷하다.

곰취

곰취는 4~6월에 새싹이 나오는데 이 때 잎이 두 개 정도 나오며 자세히 보면 풀잎에 털이 있고 잎자루에 자줏빛이 약간 돈다. 그리고 여름에는 꽃대가 길게 나오며 꽃방망이같이 여러 개의 꽃이 달린다. (☞122쪽)

모데미풀 ■혼동하기 쉬운 식물 ☞ 참나물

미나리아재비과
Megaleranthis saniculifolia OHWI

남부·중부 지방의 깊은 산 숲속에 자라며
5월에 흰 꽃이 피며 여러 대가 모여 자란다.
높이는 30cm 안팎이며 꽃은 흰 별 모양이다.
참나물의 잎이 모데미풀의 잎과 비슷하기 때문에 주의해야 한다.

혼동하기 쉬운 식물

참나물

제주도와 남부·중부·북부 지방의 깊은 산 숲속에 자라며
6~8월에 흰 꽃이 핀다. 높이는 50~80cm쯤 되며 잎자루와 줄기에
붉은색이 돌며 향기가 있다. 봄·초여름에 부드러운 잎을
잎자루와 같이 생으로 초장에 쌈을 싸 먹거나 데쳐서 나물로 먹는다.
(☞102쪽)

주의해야 할 유독 식물

투구꽃 ■혼동하기 쉬운 식물 ☞ 붉은참반디

미나리아재비과
Aconitum jaluense KOM.

바꽃이라고도 부른다. 전국의 산지 고원에 자라며
높이는 80㎝ 안팎이고 8~9월에 투구 모양의 자주색 꽃이 핀다.
독성이 강해 먹을 수 없다. 봄에 새싹이 돋아 나올 때
붉은참반디와 잎이 비슷해 주의해야 한다.

혼동하기 쉬운 식물

붉은참반디

중부 · 북부 지방의 깊은 산 숲속 그늘에 자라며
6월에 흑자색 꽃이 핀다. 여러해살이풀로
높이는 20~50cm쯤 되며 새싹이 땅에서 나오면서
꽃봉오리도 같이 나온다.
봄에 연한 잎을 삶아 나물로 먹는다.
(☞101쪽)

주의해야 할 유독 식물

박새 ■ 혼동하기 쉬운 식물 ☞ 산마늘

백합과
Veratrum patulum LOES. fil

전국의 깊은 산지, 고원지에 무리를 이뤄 자란다.
높이 150cm 안팎이며 7~8월에 흰 꽃이 핀다.
봄에 어린순이 나올 때 잎 모양이 비슷하여
산마늘로 착각하는 경우가 있어 주의해야 한다.
그러나 약간 크면 산마늘은 양파 같은 한 개의
꽃이 피지만 박새는 원줄기를 형성하여
큰 잎이 많이 달린다.

혼동하기 쉬운 식물

산마늘

울릉도와 남부·중부 지방의 깊은 산 숲속에 자라며
5~7월에 흰색, 연한 자주색, 노란색 꽃이 피며 높이는 40~70cm쯤 된다.
잎이 긴 타원형이고 향기가 난다. 봄에 부드러운 잎을 생으로
초장에 먹거나 된장에 장아찌를 담가 먹는다. (☞130쪽)

주의해야 할 유독 식물

여로
■ 혼동하기 쉬운 식물 ☞ 산마늘, 참나리, 둥굴레

백합과
Veratrum maackii var. japonicum T. SHIMIZU

전국의 높은 산 초원에 자라는 맹독성 식물이다.
높이 1m 안팎이고 7~8월에 자주색, 흰색,
녹색 등의 꽃이 피며 잎이 새로 날 때는
마치 산마늘, 참나리, 둥굴레와 비슷해 보이므로
주의해야 한다. 그러나 풀잎이 크면
난초 잎처럼 길게 자라 밑으로 꺾인다.

참나리

전국의 낮은 지대 집 근처 언덕이나 길가 및 섬 바닷가 산기슭에서 자라고
7~8월에 황적색 바탕에 자주색 반점이 있는 꽃이 핀다.
높이는 1~2m쯤 되며 줄기에 자줏빛이 돌며 꽃이 크다.
봄·초여름에 부드러운 새싹을 삶아 나물로 먹으며 땅속의 비늘줄기도
요리해 먹는다. (☞228쪽)
산마늘 ☞130쪽, 둥굴레 ☞84쪽

주의해야 할 유독 식물

은방울꽃

■ 혼동하기 쉬운 식물 ☞ 둥굴레, 말나리, 참나리, 하늘말나리, 털중나리, 풀솜대, 죽대아재비

백합과
Convallaria keiskei MIQ.

전국 각지 산의 낮은 곳부터 높은 산까지의 숲 가장자리에 자란다. 높이 30cm 안팎이며 5월에 은방울 모양의 꽃이 피고 향기가 강하다. 약으로 쓰기도 하지만 독이 있어 먹지 못한다. 새싹이 나올 때는 우리가 즐겨 먹는 둥굴레, 말나리, 참나리, 하늘말나리, 털중나리, 풀솜대, 죽대아재비와 구별하기 어려워 주의해야 한다.

혼동하기 쉬운 식물

둥굴레
전국 산의 낮은 데부터 높은 산의 숲 가장자리에
자라며 5~7월에 꽃핀다. 높이는 30~60cm쯤 되고
줄기는 활처럼 휘어져 밑으로 처진다.
봄에 어린순을 삶아 나물로 먹거나 말려 두고 먹으며 가을에 뿌리를 캐어
솥에 쪄 먹는다. (☞84쪽)
말나리 ☞131쪽, 참나리 ☞228쪽, 하늘말나리 ☞81쪽,
털중나리 ☞82쪽, 풀솜대 ☞136쪽

천남성 ■ 혼동하기 쉬운 식물 ☞ 싱아, 호장근

천남성과
Arisaema amurense var. serratum NAKAI

천남성과의 여러해살이풀로 높이는 50㎝ 안팎이고
전국의 산 숲 속의 그늘, 섬 지방의 집 근처에서도
흔히 볼 수 있는 식물이다.
천남성과의 모든 식물은 맹독성 식물이어서 주의해야 한다.
봄에 새순이 돋아 나올 때는, 먹을 수 있는 싱아, 호장근과 비슷하여
주의해야 한다.

혼동하기 쉬운 식물

싱아

남부·중부·북부 지방의 산과 들, 대개 산기슭에 자라며 6~8월에 흰 꽃이 핀다. 높이는 1m 안팎이며 봄·초여름에 부드러운 잎과 줄기를 삶아 나물로 먹는다. (☞182쪽)

호장근 ☞183쪽.

참동의나물

미나리아재비과
Caltha palustris LINNE. *var. typica* REGEL.

전국의 깊은 산 골짜기에 나며 4~5월에 노란 꽃이 핀다.
높이는 50cm 안팎이고 동의나물과 거의 비슷하게 생겼지만
잎자루만 약간 더 길다. '나물'이라고 부르지만
먹지 못하는 풀이어서 주의해야 한다.

주의해야 할 유독 식물

삿갓나물

백합과
Paris verticillata BIEB.

산 숲속에 자라며 삿갓풀이라고도 부른다.
6~7월에 노란 꽃이 핀다. 높이는 20~40cm쯤 되며
풀잎이 줄기를 중심으로 수레바퀴 모양으로 달리고 꽃이 거미 모양이다.
독성이 강해 먹을 수 없다.

주의해야 할 유독 식물

진범

미나리아재비과
Aconitum pseudo-laeve var. *erectum* NAKAI

남부·중부·북부 지방의 깊은 산 숲속에 자라며
8~9월에 자주색 꽃이 핀다. 높이는 30~80cm쯤 되며
꽃은 벌레처럼 생겼다. 여러해살이풀이며 독성이 강해 먹을 수 없다.

주의해야 할 유독 식물

흰진범

미나리아재비과
Aconitum longecassidatum NAKAI

중부 지방의 깊은 산에 자라며
약간 덩굴성을 띠는 맹독성 식물이다.
높이는 2m 정도 되며 7~8월에
흰 고깔 모양의 꽃이 핀다.
새잎이 나올 때 다른 산나물과
비슷한 것이 많아 주의해야 한다.

노랑투구꽃

미나리아재비과
Aconitum jaluense KOM.

중부 지방의 고원지에 나는 맹독성 식물로
높이는 150cm 안팎이며 7~8월에 고깔 모양의 녹황색 꽃이 핀다.
산행할 때 이 풀의 잎을 따서 잎에 물고 다닌다든가 손으로 비비면
생명에 위협을 받을 수 있어 주의해야 한다.

큰연영초

백합과
Trillium tschonoskii MAXIM.

울릉도 · 중부 지방, 북부 지방의
깊은 산 숲속에 자란다.
높이는 30cm 안팎이며
5~6월에 크고 흰 꽃이 핀다.
풀잎이 산나물처럼 생겨 먹기 쉬우나
독성이 있어 먹으면 안 된다.

피나물

양귀비과
Hylomecon vernale MAXIM.

중부·북부 지방의 깊은 산 숲속에서 자란다.
4~5월에 노란 꽃이 피며 높이는 30cm 안팎이다.
줄기를 자르면 주황색 유액이 나온다. 독성이 강해 먹을 수 없다.

애기똥풀

양귀비과
Chelidonium majus var. asiaticum (HARA) OHWI

양귀비과의 두해살이풀로 전국의 산과 들, 길가 빈터에 자라며
5~7월에 노란 꽃이 핀다. 높이는 50cm 안팎이며
줄기를 자르면 노란 유액이 나온다. 독성이 강해 먹을 수 없다.

주의해야 할 유독 식물

들현호색   왜현호색

점현호색

양귀비과
Corydalis maculata B. OH Y. KIM.

여러해살이풀로 중부 지방의 깊은 산 숲 속의
그늘지고 습기 있는 곳에 자라며 3~4월에 파란 꽃이 핀다.
특이하게도 잎에 흰 반점이 있으며 여러해살이풀이다.
독성이 있어 먹을 수 없다. 들현호색, 왜현호색 등도 먹을 수 없다.

미치광이풀

가지과
Scopolia japonica MAX.

남부 · 중부 · 북부 지방의
깊은 산 숲속에 자라며 4~5월에
자주색 꽃이 핀다. 높이는 30~60cm쯤 되며
어린순은 먹을 수 있는 나물처럼 보이지만
독성이 강해 먹을 수 없기 때문에
주의해야 한다.

주의해야 할 유독 식물

꽈리

가지과
Physalis alkekengi var. *francheti* (MASTERS) HORT.

중부·북부 지방의 산 낮은 데서 자라며
집 뜨락에 관상초로 심기도 한다.
5~7월에 흰 꽃이 피고
높이는 40~90cm쯤 된다.
간혹 열매를 먹기도 하지만
새싹이나 뿌리는 독이 있어 먹을 수 없다.

주의해야 할 유독 식물

앉은부채

천남성과
Symplocarpus renifolius SCHOTT

산부채 · 우엉취라고도 하며
전국의 깊은 산지 산골짜기의 약간 습한 곳에서
자라고 높이는 30㎝ 안팎이다.
6월경에 자주색 꽃이 피는데 풀잎이
먹을 수 있는 나물처럼 생겨 주의해야 한다.
일부 산간 지방에서는 독을 제거한 후
묵나물도 만들어 먹기도 하지만
일반적으로는 독성이 강하여 먹지 않는 풀이다.

주의해야 할 유독 식물

요강나물

미나리아재비과
Clematis fusca var. coreana NAKAI

미나리아재비과의 여러해살이풀로 중부 지방의 깊은 산 고원에 난다.
6월에 검은 자주색 둥근 꽃이 피며 높이는 30cm 안팎이다.
'나물'이라고 부르지만 독성이 강해 먹을 수 없다.

주의해야 할 유독 식물

회리바람꽃

미나리아재비과
Anemone reflexa ATEPH. et WILLD.

남부·중부·북부 지방의 깊은 산 숲속에 자라며 5월에 흰 꽃이 핀다.
높이는 20~30cm쯤 되며 꽃잎은 보이지 않고 꽃술만 둥글게 보인다.
여러해살이풀이며 먹을 수 있는 나물같이 보이지만 독성이 있어
먹을 수 없다.

주의해야 할 유독 식물

홀아비바람꽃

미나리아재비과
Anemone koraiensis NAKAI

중부 지방의 깊은 산 숲속에 자라며 4~5월에 흰 꽃이 핀다.
높이 10cm 안팎이며 숲속에서 무리지어 자란다. 여러해살이풀이며 독성이 있어 먹을 수 없다.

꿩의바람꽃

미나리아재비과
Anemone raddeana REGEL

중부 지방의 깊은 산 숲속에 자라며 4~5월에 흰 꽃이 핀다.
높이는 10cm 안팎으로, 고개를 숙인 듯 서 있으며 해가 뜨면 국화처럼 생긴 꽃이 핀다. 여러해살이풀이며 독성이 있어 먹을 수 없다.

산나물

낮은 산 / 높은 산

낮은 산에서 자라는 솜양지꽃 군락

낮은 산

개별꽃

석죽과
Pseudostellaria heterophylla (MIQUEL) PAX.

속명/태자삼 · 들별꽃
분포지/남부 · 중부 ·
북부 지방 산의 낮은
데부터 높은 데까지
개화기/4~6월
꽃색/흰색
결실기/7월
높이/8~12cm
특징/원줄기가 한두 개씩
나오고 줄지어 털이
돋아난다.
용도/식용 · 약용
생육상/여러해살이풀
먹는 방법/봄에 어린순을
삶아 나물로 먹는다.

기린초

돌나물과
Sedum kamtschaticum FISCHER

속명/북경천 · 비채 · 경천삼칠 · 혈산초 · 꿩의비름
분포지/남부 · 중부 · 북부 지방의 산 바위틈
개화기/5~7월
꽃색/노란색
결실기/9월
높이/30cm 안팎
특징/전체가 육질이며 잎이 두껍다.
용도/식용 · 관상용 · 약용
생육상/여러해살이풀
먹는 방법/봄에 어린순을 삶아 나물로 먹는다.

큰뱀무

장미과
Geum aleppicum JACQ.

속명/수양매(水楊梅) · 해당채(海棠菜)
분포지/전국의 산과 들 · 산골짜기 · 냇가 근처
개화기/6~7월
꽃색/노란색
결실기/8월
높이/30~100cm
특징/전체에 털이 옆으로 퍼져 있다.
용도/식용 · 약용(위궤양 · 해수 · 강심 · 고혈압)
생육상/여러해살이풀
먹는 방법/봄에 연한 잎과 줄기를 삶아 나물로 먹는다.

열매

오이풀

장미과
Sanguisorba officinalis LINNE

어린 잎

속명/지유 · 지아 · 지유자 · 산홍조 · 산지과 · 지유조 · 수박풀 · 외순나물
분포지/전국 각지의 낮은 곳 길가 및 산의 높은 곳 초원
개화기/7~9월
꽃색/검붉은색
결실기/10월
높이/30~150cm
특징/잎에서 오이와 비슷한 냄새가 난다.
용도/식용 · 약용
생육상/여러해살이풀
먹는 방법/봄에 어린 잎을 삶아 나물로 먹거나 말려 두고 먹는다.

짚신나물

장미과
Agrimonia pilosa LEDEBOUR

어린 잎

속명/지초 · 금선용아초 · 변로황 · 지유 · 지라반 · 용아초
분포지/전국의 산과 들. 대개 산의 초원부터 높은 산까지
개화기/6~8월
꽃색/노란색
결실기/9월
높이/30~100cm
특징/전체에 털이 많이 나며 가지가 갈라진다.
용도/식용 · 약용
생육상/여러해살이풀
먹는 방법/봄 · 초여름에 연한 잎을 삶아 나물로 먹는다.

물레나물

물레나물과
Hypericum ascyron LINNE

속명/한연초 · 홍한연 · 소연교 · 황해당 · 금사호접 · 연교 · 양풍초 · 매대채
분포지/전국의 산과 들. 길가 초원부터 높은 산까지
개화기/6~8월
꽃색/노란색
결실기/9월
높이/50~100cm
특징/원줄기가 네모 각이 지고 밑부분은 목질이다.
용도/식용 · 관상용 · 약용
생육상/여러해살이풀
먹는 방법/봄 · 초여름에 연한 잎과 줄기를 삶아 나물로 먹는다.

열매

고추나물

물레나물과
Hypericum erectum THUNBERG

속명/배향초 · 배초
분포지/전국의 산
낮은 데부터 깊은 산
높은 데까지
개화기/7~8월
꽃색/노란색
결실기/10월
높이/20~60cm
특징/열매가 고추와
비슷한 모양이다.
용도/식용 · 관상용 · 약용
생육상/여러해살이풀
먹는 방법/봄 · 초여름에
연한 잎과 줄기를 데쳐
나물로 먹는다.

남산제비꽃

제비꽃과
Viola chaerophylloides (REGEL) W. BECKER

속명/세엽근채 · 남산오랑캐꽃
분포지/전국의 산 낮은 곳 양지쪽 바위틈
개화기/4~5월
꽃색/흰색 바탕에 자주색 맥이 있다.
결실기/8월
높이/15cm 안팎
특징/풀잎이 코스모스 잎처럼 가늘게 갈라진다.
용도/식용 · 관상용 · 약용
생육상/여러해살이풀
먹는 방법/봄에 어린순을 삶아 나물로 먹는다.

얇은잎제비꽃

제비꽃과
Viola blandaeformis NAKAI

속명/얇은제비꽃
분포지/중부 지방의 깊은 산 기슭이나 길가
개화기/4~6월
꽃색/흰색
결실기/6월
높이/4~6cm
특징/털이 없고 잎이 얇다.
용도/식용 · 약용
생육상/여러해살이풀
먹는 방법/봄에 연한 잎을 삶아 나물로 먹는다.

졸방제비꽃

제비꽃과
Viola acuminata LEDEBOUR

속명/고경근 · 졸방이 · 졸방나물
분포지/전국의 산과 들. 대개 깊은 산 숲 가장자리
개화기/5~6월
꽃색/연한자주색 · 흰색
결실기/6월
높이/20~40cm
특징/줄기가 곧게 서고 위에서 가지가 갈라진다.
용도/식용 · 약용
생육상/여러해살이풀
먹는 방법/봄에 어린 잎과 줄기를 삶아 나물로 먹는다.

졸방제비꽃

콩제비꽃

제비꽃과
Viola verecunda A. GRAY

속명/근 · 근규 · 콩오랑캐 · 조갑지나물
분포지/전국의 들녘 · 길가 · 언덕이나 집 근처의 빈터
개화기/4~5월
꽃색/흰색
결실기/7월
높이/5~20cm
특징/잎이 둥근 편이며 털은 없다.
용도/식용 · 관상용 · 약용
생육상/여러해살이풀
먹는 방법/봄에 어린순을 삶아 나물로 먹거나 된장국을 끓여 먹는다.

구릿대

미나리과
Angelica dahurica
(FISCHER) BENTHAM et HOOKER f.

속명/백지 · 항백지 · 대활 · 항대활 · 구리대 · 굼배지
분포지/제주도와 남부 · 중부 · 북부 지방 깊은 산 산골짜기 냇가
개화기/6~8월
꽃색/흰색
결실기/10월
높이/1~2m
특징/전체가 대형이며 향기가 난다.
용도/식용 · 약용
생육상/두해 혹은 세해살이풀
먹는 방법/봄 · 여름에 연한 잎과 잎자루를 생으로 먹거나 삶아 나물로 먹는다.

까치수염

앵초과
Lysimachia barystachys BUNGE

속명/낭미초(狼尾草)·
낭미화(狼尾花)·
개꼬리풀
분포지/전국의 산과 들.
대개 길가의 약간 습한
풀섶
개화기/6~8월
꽃색/흰색
결실기/9월
높이/50~100cm
특징/땅속줄기가 퍼지고
원줄기 밑부분에
붉은 빛이 돈다.
용도/식용·관상용
생육상/여러해살이풀
먹는 방법/봄에 어린순을
생으로 먹거나 데쳐서
나물로 먹는다.

긴병풀꽃

꿀풀과
Glechoma hederacea var. *longituba* NAKAI

속명/장관연전초
분포지/중부 · 북부
지방의 산과 들. 대개
낮은 곳의 약간 습한 곳
개화기/4~5월
꽃색/연한 자주색
결실기/6월
높이/5~20cm
특징/줄기가 곧게
자라다가 옆으로 길게
뻗는다.
용도/식용 · 관상용 ·
밀원용 · 약용
생육상/여러해살이풀
먹는 방법/봄에 어린
줄기와 잎을 삶아
나물로 먹는다.

꿀풀

꿀풀과
Prunella vulgaris var. lilacina NAKAI

속명/하고초 · 꿀방망이 · 가지골나물
분포지/전국의 산과 들. 대개 길가의 초원
개화기/5~7월
꽃색/자주색
결실기/6~7월
높이/20~30cm
특징/줄기가 네모지고 전체에 흰 털이 많다.
용도/관상용 · 식용 · 밀원용 · 약용
생육상/여러해살이풀
먹는 방법/봄에 연한 잎과 줄기를 삶아 나물로 먹는다.

광대수염

꿀풀과
Lamium album var. barbatum
(SIEB. et ZUCC) FR et SAV

속명/수모야지마
분포지/전국의 산과 들. 주로 낮은 곳의 밭둑 등
개화기/5~6월
꽃색/흰색
결실기/7월
높이/30~60cm
특징/줄기와 잎자루 사이에 수염 같은 돌기가 나고 줄기가 네모나다.
용도/식용 · 관상용 · 밀원용 · 약용
생육상/여러해살이풀
먹는 방법/봄에 어린 잎과 줄기를 삶아 나물로 먹거나 말려 두고 먹는다.

솔나물

꼭두서니과
Galium verum var. *asiaticum* NAKAI

속명/연자채 · 계장초 · 송엽초 · 황미화 · 큰솔나물
분포지/전국의 산과 들. 길가의 구릉지 및 초원과 높은 산
개화기/6~8월
꽃색/노란색
결실기/9월
높이/ 70~100cm
특징/풀잎이 8~10개씩 돌려 나며 옆으로 비스듬히 눕는다.
용도/식용 · 관상용 · 밀원용
생육상/여러해살이풀
먹는 방법/봄에 어린순을 삶아 나물로 먹는다.

뚝갈

마티리과
Patrinia villosa (THUNB.) JUSS.

속명/백화패장 · 석남 · 석남엽 · 연지마 · 뚜깔 · 패장
분포지/전국의 산 낮은 데부터 높은 데까지
개화기/7~9월
꽃색/흰색
결실기/10월
높이/1m 안팎
특징/흰털이 많고 마타리와 비슷하지만 흰 꽃이 핀다.
용도/식용 · 약용
생육상/여러해살이풀
먹는 방법/봄 · 초여름에 연한 잎과 새순을 삶아 말려 두고 나물로 먹는다.

잔대

도라지과
Adenophora triphylla var. Japonica HARA

꽃

속명/사삼 · 방치륜자채 · 제니
분포지/전국의 산기슭 초원
농가에서 재배하기도 한다.
개화기/7~9월
꽃색/청자색 · 자주색
결실기/10월
높이/40~120cm
특징/뿌리가 굵고 전체에 털이 퍼져 있다.
용도/식용 · 관상용 · 약용
생육상/여러해살이풀
먹는 방법/봄 · 초여름에 연한 잎과 줄기를 삶아 나물로 먹으며 뿌리를 먹기도 한다.

도라지

도라지과
Platycodon grandiflorum (JACQ.) A. DC.

꽃

속명/명엽채 · 도랍기 ·
사엽채 · 경초 · 백약 ·
대약 · 산도라지 ·
밭도라지 · 백도라지
분포지/전국의 낮은
초원부터 높은 산
농가에서 재배하기도 한다.
개화기/7~8월
꽃색/청자색 · 흰색
결실기/10월
높이/40~100cm
특징/뿌리가 굵고
원줄기를 자르면
흰 유액이 나온다.
용도/식용 · 관상용 · 약용
생육상/여러해살이풀
먹는 방법/봄 · 초여름에
연한 잎과 줄기를 삶아
나물로 먹고 가을에
뿌리를 삶아 초장에
무쳐 먹는다.

더덕

도라지과
Codonopsis lanceolata
(SIEB et ZUCC) TRAUTV

꽃

속명/구두삼 · 사엽삼 · 양유 · 유부인 · 더덕나물
분포지/전국의 깊은 산 숲속. 농가에서도 재배한다.
개화기/8~9월
꽃색/겉은 연녹색이고 안쪽에 자주색 반점이 있다.
결실기/11월
높이/2cm 안팎
특징/향기가 나고 줄기를 자르면 흰 유액이 나오며 덩굴 식물이다.
용도/식용 · 관상용 · 약용
생육상/여러해살이풀
먹는 방법/봄에 어린순을 데쳐서 나물로 먹으며 땅속의 뿌리는 껍질을 벗기고 양념하여 구워 먹거나 생으로 먹는다.

초롱꽃

도라지과
Campanula punctata LAMARCK

꽃

속명/자반풍령초 · 풍령초 · 산소채 · 종꽃나물
분포지/중부 · 북부 지방의 산과 들, 길가 초원 및 높은 산
개화기/5~8월
꽃색/흰색 또는 연한 홍자색
결실기/8월
높이/40~100cm
특징/전체에 털이 퍼져 나고 꽃의 안쪽에도 털이 많다.
용도/식용 · 관상용 · 약용
생육상/여러해살이풀
먹는 방법/봄에 연한 잎과 줄기를 삶아 나물로 먹거나 말려 두고 먹는다.

우산나물

국화과
Syneilesis palmata (THUNB.) MAXIM.

속명/원추화토아산(圓錐花兎兒傘) · 토아산
분포지/전국의 산과 들. 숲속 그늘
개화기/6~9월
꽃색/흰색
결실기/10월
높이/ 70~120cm
특징/회청색이고 잎이 우산 모양이다.
용도/식용 · 관상용
생육상/여러해살이풀
먹는 방법/봄에 어린순을 삶아 나물로 먹는다.

꽃

등골나물

국화과
Eupatorium chinense var. simplicifolium KITAMURA

속명/택란 · 산란 ·
불로초 · 지순 · 일택란 ·
난초 · 쉽싸리 · 등골나무
분포지/전국의 낮은 곳
길가 초원 및 산의 높은 곳
개화기/7~10월
꽃색/연한 자주색
결실기/10월
높이/2m 안팎
특징/원줄기에 자줏빛이
돌며 꼬부라진 털이 있다.
용도/식용 · 약용
생육상/국화과의
여러해살이풀
먹는 방법/봄 · 여름에
연한 잎과 줄기를 삶아
나물로 먹는다.

미역취

국화과
Solidago virga-aurea var. asiatica NAKAI

속명/일지황화 · 두메미역취 · 돼지나물
분포지/전국의 산과 들. 길가 초원 및 높은 산
개화기/7~10월
꽃색/노란색
결실기/10월
높이/35~85cm
특징/대개 줄기가 하나로 곧게 나고 꽃이 많이 달린다.
용도/식용 · 관상용 · 약용
생육상/여러해살이풀
먹는 방법/봄 · 여름에 연한 잎을 삶아 말려 두고 나물로 먹는다.

참취

국화과
Aster scaber THUNB.

꽃

속명/동풍채(東風菜)·
취·백운초(白雲草)·
암취·백산국(白山菊)·
나물채
분포지/전국의 산과 들.
대개 높은 산까지 흔히
자란다.
개화기/8~10월
꽃색/흰색
결실기/11월
높이/1~1.5m
특징/뿌리줄기(根莖)가
굵고 짧으며 끝에서
가지가 갈라진다.
용도/식용·관상용·약용
생육상/여러해살이풀
먹는 방법/어린순이나
연한 잎을 삶아 말려 두고
나물로 먹는다.

톱풀

국화과
Achillea sibirica LEDEBOUR

속명/신초 · 시초 ·
우의초 · 거치초 · 가새풀 ·
배암새 · 가새나물 · 거초
분포지/전국의 낮은 곳
길가 초원 및 높은 산 초원
개화기/7~10월
꽃색/흰색 또는 연홍색
결실기/10월
높이/50~110cm
특징/풀잎이 톱날같이
잘게 갈라진다
용도/식용 · 관상용 · 약용
생육상/여러해살이풀
먹는 방법/봄 · 초여름에
어린 순을 삶아 나물로
먹는다.

개쑥부쟁이

국화과
Aster ciliosus KITAMURA

꽃

속명/조선자원·개쑥부장이
분포지/전국의 산과 들. 길가 초원 및 높은 산 고원 지대
개화기/7~9월
꽃색/남자색
결실기/10월
높이/35~50cm
특징/가지가 많이 갈라지고 꽃이 화려하다.
용도/식용·관상용·약용
생육상/여러해살이풀
먹는 방법/봄·여름에 연한 잎과 줄기를 삶아서 말려 두고 나물로 먹는다.

솜나물

국화과
Leibnitzia anandria (L.) NAKAI

속명/대정초 · 부싯깃나물
분포지/전국 산의 낮은 곳
양지쪽의 건조한 소나무 숲.
개화기/5~9월
꽃색/흰색이 도는 연한
자주색
결실기/9월
높이/10~40cm
특징/꽃이 봄 · 가을에
한 번씩 핀다.
용도/식용 · 관상용
생육상/여러해살이풀
먹는 방법/봄에 어린순을
삶아 나물로 먹거나
떡을 해 먹는다.

꽃

뺑쑥

국화과
Artemisia feddei LEV. et VNT.

속명/왜호 · 우미파호
분포지/전국의 산과 들. 주로 길가 및 산기슭
개화기/8~9월
꽃색/노란색
결실기/10월
높이/1m 안팎
특징/줄기에 거미줄 같은 털이 있다.
용도/식용 · 약용
생육상/여러해살이풀
먹는 방법/봄 · 여름에 연한 잎과 새순을 삶아 국을 끓여 먹거나 말려 두고 떡을 해 먹는다.

산쑥

국화과
Artemisia montana PAMPAN.

속명/산호 · 두호
분포지/전국의 산. 주로 길가 초원
개화기/8~9월
꽃색/노란색
결실기/10월
높이/1.5~2m
특징/잎이 가늘게 깊이 갈라져 잎자루의 날개가 된다.
용도/식용 · 약용
생육상/여러해살이풀
먹는 방법/봄에 어린순을 삶아 국을 끓여 먹고,
여름까지 연한 잎을 삶아 말려 두고 떡을 해 먹는다.

낮은 산

멸가치

국화과
Adenocaulon himalaicum EDGEW.

속명/화상채 · 호로채 ·
홍취 · 명가치 · 멸키치 ·
옹취 · 음취나물
분포지/전국의 깊은 산속
그늘진 습지
개화기/8~9월
꽃색/흰색
결실기/10월
높이/50~100cm
특징/잎이 넓고 둥글며
줄기가 한 개 나온다.
용도/식용 · 약용
생육상/여러해살이풀
먹는 방법/봄 · 여름에
연한 잎을 삶아 말려 두고
나물로 먹는다.

분취

국화과
Saussurea seoulensis NAKAI

속명/풍모국(風毛菊)
분포지/중부 · 북부 지방의 산지 숲속 그늘
서울 근교에 많이 자라는 한국특산식물이다.
개화기/7~9월
꽃색/자주색
결실기/10월
높이/20~80cm
특징/잔털이 있고 윗부분에서 가지가 약간 갈라지기도 한다.
용도/식용 · 관상용 · 약용
생육상/여러해살이풀
먹는 방법/봄에 어린순을 삶아 나물로 먹는다.

수리취

국화과
Synurus deltoides (AIT.) NAKAI

속명/산우방 · 개취 · 떡취
분포지/전국의 산 낮은 데부터 높은 산 고원지
개화기/9~10월
꽃색/자갈색
결실기/11월
높이/40~100cm
특징/줄기에 종선이 있고 흰 털이 빽빽이 난다.
용도/식용 · 약용
생육상/여러해살이풀
먹는 방법/봄 · 여름에 연한 잎을 삶아
말려 두고 나물이나 떡을 해 먹는다.

꽃

절굿대

국화과
Echinops setifer ILJIN

꽃

속명/심열엽람자두·
절구대·개수리취·두로
분포지/남부·중부·
북부 지방의 산 낮은
곳부터 높은 산의 초원
개화기/7~8월
꽃색/남자색
결실기/11월
높이/60~80cm
특징/땅속에 한 개의 굵은
뿌리가 있고 꽃송이가
둥글다.
용도/식용·관상용·약용
생육상/여러해살이풀
먹는 방법/봄·초여름에
연한 잎을 삶아 나물로
먹는다.

쇠서나물

국화과
Picris hieracioides var. glabrescens OHWI

속명/모련채 · 쇠세나물
분포지/전국의 산
낮은 데부터 높은 산
개화기/6~9월
꽃색/노란색
결실기/10월
높이/90cm 안팎
특징/전체에 갈색 털이
퍼져 있어 거칠다.
용도/식용 · 약용
생육상/두해살이풀
먹는 방법/봄에 어린순을
삶아 나물로 먹거나
국에 넣어 먹는다.

꽃

산부추

백합과
Allium thunbergii G. DON

속명/산구 · 후피산구
분포지/전국의 산
낮은 데 부터 높은 산
개화기/8~9월
꽃색/홍자색
결실기/10월
높이/30~60cm
특징/부추와 비슷하며
향기가 난다.
용도/식용 · 관상용 · 약용
생육상/여러해살이풀
먹는 방법/봄에 연한 잎을
생으로 초장에 먹거나
삶아서 나물로 먹는다.

꽃

하늘말나리

백합과
Lilium miquelianum MAKINO

속명/소근백합 · 야백합
분포지/남부 · 중부 · 북부 지방의 깊은 산 낮은 데부터 높은 데까지
개화기/7~8월
꽃색/황적색
결실기/10월
높이/1m 안팎
특징/꽃이 하늘을 향해 피며 잎이 수레바퀴 모양으로 줄기를 둘러싼다.
용도/식용 · 관상용 · 약용
생육상/여러해살이풀
먹는 방법/봄에 어린순을 삶아 나물로 먹는다.

꽃

털중나리

백합과
Lilium amabile PALIBIN

속명/조선백합 · 미백합
분포지/남부 · 중부 · 북부 지방 산의 낮은 곳
개화기/6~8월
꽃색/황적색
결실기/8월
높이/50~100cm
특징/전체에 가는 털이 덮여 있는 것처럼 보인다.
용도/식용 · 관상용 · 약용
생육상/여러해살이풀
먹는 방법/봄에 어린순과 땅속의 비늘줄기를 삶아 나물로 먹는다.

각시둥굴레

백합과
Polygonatum humile
FISCHR ex MAXIMOWICZ

속명/애기둥굴레·
각씨둥굴레·황정
분포지/남부·중부·
북부 지방의 산과 들.
대개 낮은 골짜기
개화기/5~6월
꽃색/황록색이 도는 흰색
결실기/7월
높이/15~30cm
특징/줄기가 곧게 자란다.
용도/식용·관상용·약용
생육상/여러해살이풀
먹는 방법/봄에 어린순을
삶아 나물로 먹거나
말려 두고 먹는다.

둥굴레

백합과
Polygonatum odoratum
(MILLER) var. pluriflorum OHWI

속명/편황정 · 옥죽 · 수위 · 황정
분포지/전국의 산 낮은 데부터 높은 산 숲 가장자리
개화기/5~7월
꽃색/아랫부분은 흰색 · 윗부분은 녹색
결실기/8월
높이/30~60cm
특징/줄기가 활처럼 휘어 밑으로 처진다.
용도/식용 · 관상용 · 약용
생육상/여러해살이풀
먹는 방법/봄에 어린순을 삶아 나물로 먹거나
말려 두고 먹으며 가을에 뿌리를 캐어 솥에 쪄 먹는다.

고사리

고사리
Pteridium aquilinum var. latiusculum
(DESV.) UNDERW.

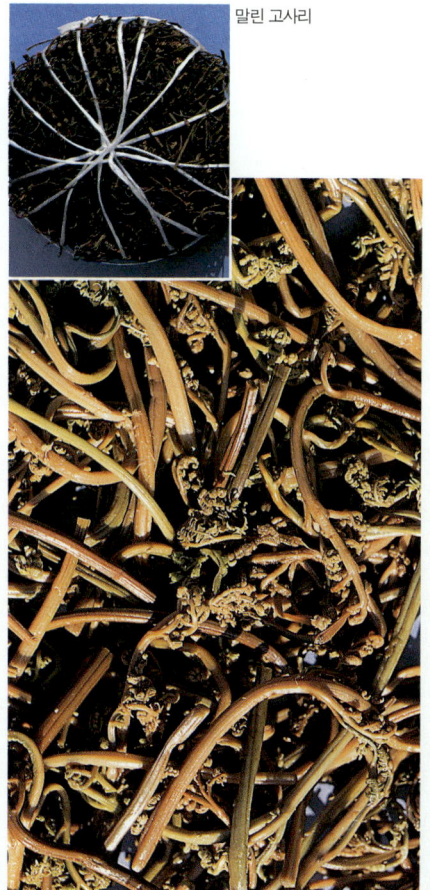

말린 고사리

속명/궐(蕨)·궐채아
(蕨菜芽)·거두채(擧頭菜)·
용두채(龍頭菜)·고사리밥·
층층고사리·고사리나물
분포지/전국의 산과 들
양지쪽
개화기/5~6월
꽃색/갈색
결실기/8월에 포자가
날아간다.
높이/1m 안팎
특징/굵은 땅속줄기가
옆으로 뻗고 군데군데에서
새잎이 나온다.
용도/식용·약용
생육상/여러해살이풀
먹는 방법/봄에 어린 잎을
삶아 말려 두고 나물로
먹으며 뿌리에서 전분을
채취한다.

고비

고비과
Osmunda japonica THUNB.

속명/미(薇)·미채(薇菜)·고비나물
분포지/전국의 산과 들 숲 가장자리 또는 냇가 근처
개화기/5월
꽃색/갈색의 포자엽(胞子葉)이 생긴다.
결실기/5월에 포자가 날아간다.
높이/60~100cm
특징/주먹 모양의 뿌리줄기에서 여러 개의 대가 나온다.
용도/식용·관상용·약용
생육상/여러해살이풀
먹는 방법/봄에 연한 잎을 삶아 말려 두고 나물로 먹는다.

꿩고비

고비과
Osmunda cinnamomea var. *fokiensis* COPEL.

속명/꿩고비나물 · 고비나물
분포지/중부 · 북부 지방 산과 들의 약간 습한 곳
개화기/5월
꽃색/포자엽(胞子葉)이 나온다.
결실기/5월에 포자가 날아간다.
높이/50cm 안팎
특징/굵고 짧은 뿌리줄기 끝에서 5~6개의 잎이 나온다.
용도/식용 · 식용
생육상/여러해살이풀
먹는 방법/봄에 어린순을 삶아 말려 두고 나물로 먹는다.

높은 산에서 자라는 얼레지 군락

높은 산

연잎꿩의다리

미나리아재비과
Thalictrum coreanum LINNE

속명/조선당송초
분포지/중부 · 북부 지방의 깊은 산 고원 지대 바위틈
개화기/6월
꽃색/연한 자주색
결실기/9월
높이/60cm 안팎
특징/잎이 연잎을 축소한 모양이다.
용도/관상용 · 식용
생육상/여러해살이풀
먹는 방법/봄 · 초여름에 어린 잎을 생으로 먹거나
데쳐서 나물로 먹는다.

꽃

금낭화

양귀비과
Dicentra spectabilis (L.) LEMAIRE

속명/며느리주머니·
며눌취·하포목단
분포지/남부·중부·
북부 지방의 낮은 산
골짜기부터 높은 산
개화기/4~6월
꽃색/홍자색
결실기/6월
높이/40~50cm
특징/전체가 분백색이 도는
녹색이며 가지가 갈라진다.
유독성 식물이다.
용도/관상용·식용
생육상/여러해살이풀
먹는 방법/봄에 연한 잎과
줄기·꽃 이삭을 삶아
물에 담가 독을 뺀 후
나물로 먹거나 말려
두고 먹는다.

노란장대

십자화과
Sisymbrium luteum (MAXIM.) O. E. SCHULZ

속명/황화산개
분포지/제주도와 남부·중부·북부 지방의 산과 들. 주로 높은 산
개화기/6월
꽃색/노란색
결실기/8월
높이/80~120cm
특징/줄기에 흰 털이 있고 잎이 넓다.
용도/식용
생육상/여러해살이풀
먹는 방법/봄·초여름에 연한 잎과 줄기를 삶아 나물로 먹는다.

미나리냉이

십자화과
Cardamine leucantha (TAUSCH) O. E. SCHULZ

속명/백화쇄미제·미나리황새냉이
분포지/전국의 깊은 산골짜기 습한 곳
개화기/5~7월
꽃색/흰색
결실기/8월
높이/50cm 안팎
특징/잎이 미나리와 비슷하며 연약해 보인다.
용도/관상용·식용
생육상/여러해살이풀
먹는 방법/봄에 어린 잎과 줄기를 데쳐서 나물로 먹는다.

높은 산

느쟁이냉이

십자화과
Cardamine komarovi NAKAI

속명/주걱냉이 · 숟가락황새냉이 · 숟가락냉이
분포지/남부 · 중부 · 북부 지방 깊은 산지 고원의 산골짜기
개화기/5~8월
꽃색/흰색
결실기/7월부터
높이/30cm 안팎
특징/전체에 털이 없고 매운 맛이 나며 자주색이 돈다.
용도/식용
생육상/여러해살이풀
먹는 방법/봄에 연한 잎과 줄기를 데쳐서
나물로 먹는다.

꽃

뱀무

장미과
Geum japonicum THUNBERG

속명/일본수양매
분포지/울릉도와 남부·중부 지방의 산과 들. 주로 산의 낮은 데부터 높은 데까지
개화기/6월
꽃색/노란색
결실기/7월
높이/25~100cm
특징/전체적으로 가는 털이 퍼져 나고 가지가 갈라진다.
용도/식용·약용
생육상/여러해살이풀
먹는 방법/봄에 연한 잎과 줄기를 삶아 나물로 먹는다.

나비나물

콩과
Vicia unijuga AL. BRAUN

꽃

속명/왜두채 · 초두 · 야완두
분포지/전국의 깊은 산 고원 지대
개화기/6~8월
꽃색/홍자색
결실기/10월
높이/30~100cm
특징/뿌리가 굵고 한군데에서 여러 대가 나온다.
용도/식용 · 관상용 · 밀원용
생육상/여러해살이풀
먹는 방법/봄에 연한 잎을 삶아 나물로 먹는다.

애기괭이밥

괭이밥과
Oxalis acetosella LINNE

속명/초장근 · 산괭이밥
분포지/전국의 깊은 산 숲속
개화기/5~6월
꽃색/흰색 바탕에 연한 자주색 맥이 있다.
결실기/8월
높이/10cm 안팎
특징/괭이밥과 비슷하나 흰 꽃이 핀다.
용도/관상용 · 식용 · 약용
생육상/여러해살이풀
먹는 방법/봄에 연한 잎을 생으로 먹거나 데쳐서
나물로 먹고 된장국을 끓여 먹기도 한다.

꽃

태백제비꽃

제비꽃과
Viola albida PALIBIN

속명/미백근채(微白菫菜)
분포지/남부·중부 지방의 산 숲속 그늘
개화기/4~5월
꽃색/흰색
결실기/6월
높이/25cm 안팎
특징/뿌리에서 여러 갈래로 갈라지고 잎이 모여 나며 잎자루가 길다.
용도/식용·관상용·약용
생육상/여러해살이풀
먹는 방법/봄에 연한 잎을 삶아 나물로 먹는다.

고깔제비꽃

제비꽃과
Viola rossii HEMSLEY

속명/근근채
분포지/전국의 산 낮은 데부터 높은 산
개화기/4~5월
꽃색/홍자색
결실기/7월
높이/15cm 안팎
특징/잎이 말려 나온다.
용도/식용 · 관상용 · 약용
생육상/여러해살이풀
먹는 방법/봄에 어린 잎을 삶아 나물로 먹거나 된장국을 끓여 먹는다.

금강제비꽃

제비꽃과
Viola diamantica NAKAI

속명/금강산근채 · 머우제비꽃
분포지/남부 · 중부 지방의 깊은 산 고원 지대 숲속
개화기/4~5월
꽃색/흰색, 연한 녹색
결실기/7월
높이/15cm 안팎
특징/풀잎이 다른 제비꽃보다 훨씬 넓고 약간 말려 나온다.
용도/식용 · 관상용 · 약용
생육상/여러해살이풀
먹는 방법/봄에 연한 잎을 삶아 나물로 먹는다.

꽃

독활

두릅나무과
Aralia continentalis KITAGAWA

속명/구안독활 · 토당귀 · 뫼두릅 · 땅두릅
분포지/전국의 깊은 산 고원 지대 숲속 농가에서도 재배한다.
개화기/7~8월
꽃색/연한 녹색
결실기/9~10월
높이/1.5m 안팎
특징/전체에 짧은 털이 있으며 두릅나무와 비슷하다.
용도/식용 · 관상용 · 약용
생육상/여러해살이풀
먹는 방법/봄에 일찍 돋아나는 새순을 데쳐서 초장과 함께 먹는다.

붉은참반디

미나리과
Sanicula rubriflora FR. SCHM.

속명/계조근(鷄爪芹)·붉은참바디
분포지/중부·북부 지방의 깊은 산 숲속 그늘
개화기/6월
꽃색/흑자색
결실기/8월
높이/20~50cm
특징/새싹이 나오면서 꽃봉오리도 같이 나온다.
용도/식용·약용
생육상/여러해살이풀
먹는 방법/봄에 연한 잎을 삶아 나물로 먹는다.

참나물

미나리과
Pimpinella brachycarpa (KOMAROV.) NAKAI

속명/대엽근 · 산미나리
분포지/제주도와 남부 · 중부 · 북부 지방의 깊은 산 숲속
개화기/6~8월
꽃색/흰색
결실기/9월
높이/50~80cm
특징/잎자루와 줄기에 붉은색이 돌며 향기가 있다.
용도/식용 · 약용
생육상/여러해살이풀
먹는 방법/봄 · 초여름에 연한 잎을 잎자루와 함께 생으로 쌈을 싸 먹거나 데쳐서 나물로 먹는다.

궁궁이

미나리과
Angelica polymorpha MAXIM.

속명/다형당귀(多型當歸)·천궁(川芎)·백봉천궁·토천궁
분포지/제주도와 남부·중부·북부 지방 깊은 산 계곡의 습지
개화기/8~9월
꽃색/흰색
결실기/10월
높이/80~150cm
특징/털이 없고 곧게 자라며 뿌리가 약간 굵다.
용도/식용·약용
생육상/여러해살이풀
먹는 방법/어린순을 생으로 먹거나
삶아 나물로 먹는다.

어수리

미나리과
Heracleum moellendorffii HANCE

속명/단모백지(端毛白芷)·
단모독활(短毛獨活)·
백지(白芷)·토당귀
분포지/전국의 산과 들.
주로 깊은 산에 흔히
자란다.
개화기/7~8월
꽃색/흰색
결실기/10월
높이/70~150cm
특징/원줄기의 속이
비어 있고 굵은 가지가
갈라진다.
용도/식용·약용
생육상/여러해살이풀
먹는 방법/어린순을
생으로 먹거나 삶아
나물로 먹는다.

참좁쌀풀

앵초과
Lysimachia japonica THUNBERG

속명/조선진주채 · 조선까치수염 · 고려까치수염
분포지/중부 · 북부 지방의 깊은 산 고원 지대
개화기/6~8월
꽃색/바탕이 노란색이며 안쪽에 붉은 무늬가 있다.
결실기/10월
높이/30~100cm
특징/좁쌀풀과 비슷하나 키가 훨씬 작다.
용도/식용 · 관상용 · 약용
생육상/여러해살이풀
먹는 방법/봄 · 초여름에 연한 잎과 줄기를 삶아 나물로 먹는다.

큰앵초

앵초과
Primula jesoana MIQUEL

속명/보춘초
분포지/제주도와 남부·중부·북부 지방의 깊은 산 고원 지대
개화기/5~6월
꽃색/홍자색
결실기/8월
높이/40cm 안팎
특징/잎이 단풍잎처럼 아름다우며 높은 데서만 자란다.
용도/식용·관상용·약용
생육상/여러해살이풀
먹는 방법/봄에 연한 잎을 삶아 나물로 먹는다.

금강봄맞이꽃

앵초과
Androsace cortusaefolia NAKAI

속명/금강봄마지 · 금강산점지매 · 보춘점지매
분포지/중부 지방 깊은 산 고원 지대 바위틈
개화기/6월
꽃색/흰색
결실기/8월
높이/10cm 안팎
특징/풀잎이 모두 뿌리에서 나오며 둥글고 가장자리는 갈라진다.
용도/식용 · 관상용
생육상/여러해살이풀
먹는 방법/봄 · 초여름에 연한 잎을 데쳐서 나물로 먹는다.

참꽃마리

지치과
Trigonotis radicans MAXIMOWICZ

꽃

속명/털개지치 · 북부지채
분포지/전국 산의 낮은 데부터 높은 데까지, 주로 약간 습한 곳
개화기/5~7월
꽃색/연한 남색 · 연한 자주색
결실기/9월
높이/30cm 안팎
특징/줄기가 덩굴처럼 땅위로 뻗어 나간다.
용도/식용 · 관상용
생육상/여러해살이풀
먹는 방법/봄 · 초여름에 연한 잎과 줄기를 삶아 나물로 먹거나 말려 두고 먹는다.

당개지치

지치과
Brachybotrys paridiformis
MAXIMOWICZ ex OLIBER

속명/산가자
분포지/중부·북부 지방의
깊은 산 숲 가장자리
개화기/5~6월
꽃색/자주색
결실기/7월
높이/40cm 안팎
특징/전체에 털이 있고
뿌리줄기가 옆으로 뻗는다.
용도/식용
생육상/여러해살이풀
먹는 방법/봄에 어린순을
데쳐서 나물로 먹는다.

배초향

꿀풀과
Agastache rugosa
(FISCHER et MEYER) O. KUNTZE

속명/토곽향 · 대박하 · 어향 · 인단초 · 곽향 · 방애잎 · 참뇌기 · 중개풀
분포지/전국의 산과 들. 주로 낮은 산부터 높은 산까지
개화기/7~9월
꽃색/자주색
결실기/9월
높이/40~150cm
특징/줄기가 네모지고 가지가 위에서 갈라지며 향기가 난다.
용도/식용 · 약용
생육상/여러해살이풀
먹는 방법/봄 · 여름에 연한 잎을 생으로 생선 등과 같이 먹거나 삶아 나물로 먹는다.

벌깨덩굴

꿀풀과
Meehania wrticifolia (MIQUEL) MAKINO

속명/지마화 · 벌깨덩굴 · 벌깨나물
분포지/전국의 깊은 산 숲속
개화기/5월
꽃색/자주색
결실기/7월
높이/20~50cm
특징/원줄기가 네모지고 꽃이 진 다음 옆에서 줄기가 뻗는다.
용도/식용 · 관상용 · 약용
생육상/여러해살이풀
먹는 방법/봄 · 여름에 연한 잎과 줄기를 데쳐서 나물로 먹거나 말려 두고 먹는다.

산박하

꿀풀과
Isodon inflexus (THUNB.) KUDO

속명/산박하향다채 · 연전초 · 독각구 · 깨잎나물 · 깻잎나물
분포지/전국의 깊은 산 산기슭 및 고원 지대
개화기/7~9월
꽃색/자주색
결실기/10월
높이/40~100cm
특징/가지가 많이 갈라지고 네모진 능선에 밑을 향한 흰 털이 있으며 특유의 향기가 난다.
용도/식용 · 관상용 · 밀원용 · 약용
생육상/여러해살이풀
먹는 방법/봄 · 초여름에 연한 잎을 삶아 나물로 먹는다.

높은 산

방아풀

꿀풀과
Isodon japonicus (BURM.) HARA

속명/모엽향다채(毛葉香茶菜) · 회채화
분포지/제주도와 남부 · 중부 지방의 산과 들
개화기/8~9월
꽃색/연한 자주색
결실기/11월
높이/50~100cm
특징/줄기가 네모지고 밑을 향한 짧은 털이 난다.
용도/식용 · 관상용 · 밀원용 · 약용
생육상/여러해살이풀
먹는 방법/어린순은 데쳐서 나물로 먹고 연한 잎은 생으로 먹는다.

쥐오줌풀

마타리과
Valeriana fauriei BRIQUET

속명/길초근 · 길초 · 은대가리나물
분포지/전국의 산 낮은 데부터 높은 산 고원 지대
개화기/5~8월
꽃색/연홍색
결실기/7~8월
높이/40~80cm
특징/뿌리에서 독한 냄새가 난다.
용도/식용 · 약용
생육상/여러해살이풀
먹는 방법/봄 · 초여름에 연한 줄기와 잎을 삶아 나물로 먹거나 말려 두고 먹는다.

솔체꽃

산토끼꽃과
Scabiosa mansenensis NAKAI

꽃

속명/솔체 · 만색산라복 · 숭떡나물
분포지/중부 · 북부 지방의 깊은 산 고원 지대
개화기/7~9월
꽃색/벽자색
결실기/10월
높이/50~90cm
특징/줄기에 퍼진 털과 꼬부라진 털이 있다.
용도/식용 · 관상용
생육상/두해살이풀
먹는 방법/여름에 연한 잎을 삶아 나물로 먹거나 말려 두고 떡을 해 먹는다.

도라지모싯대

도라지과
Adenophora grandiflora NAKAI

속명/도라지모시대 · 도라지잔대 · 대화사삼 · 큰잔대
분포지/중부 · 북부 지방의 깊은 산 숲속
개화기/7~8월
꽃색/청자색
결실기/10월
높이/70cm 안팎
특징/모싯대와 비슷하지만 꽃받침이 더 크다.
용도/식용 · 관상용 · 약용
생육상/여러해살이풀
먹는 방법/봄 · 초여름에 어린순을 삶아 말려 두고 나물로 먹는다.

모싯대

도라지과
Adenophora remotiflora (SIEB. et ZUCC.) MIQ.

속명/첨길경(甛桔梗)·
백면근(白面根)·모시대·
향삼(杏參)·게로기
분포지/전국의 깊은 산
숲속 약간 그늘진 곳
개화기/8~9월
꽃색/자주색
결실기/11월
높이/40~100cm
특징/땅속뿌리가 굵다.
용도/식용·관상용·약용
생육상/여러해살이풀
먹는 방법/어린순을
데쳐서 나물로 먹는다.

염아자

도라지과
Phyteuma japonicum MIQUEL

속명/목근초 · 영아자 · 미나리싹
분포지/남부 · 중부 · 북부 지방의 산골짜기 습한 곳
개화기/7~9월
꽃색/자주색
결실기/10월
높이/50~100cm
특징/줄기에 세로 능선이 있고 꽃잎이 가늘게 갈라진다.
용도/식용 · 약용
생육상/여러해살이풀
먹는 방법/봄 · 초여름에 연한 잎과 줄기를 삶아 나물로 먹는다.

꽃

높은 산

만삼

도라지과
Codonopsis pilosula NANNFELDT

속명/당삼 · 태삼 · 선초근 · 삼엽채 · 참더덕
분포지/남부 · 중부 · 북부 지방의 깊은 산 숲속
개화기/7~8월
꽃색/녹색
결실기/10월
높이/2m 안팎
특징/전체에 흰 털이 있고 줄기를 자르면 흰 유액이 나오는 덩굴식물이다.
용도/식용 · 관상용 · 약용
생육상/여러해살이풀
먹는 방법/봄 · 초여름에 연한 잎과 줄기를 삶아 나물로 먹으며 뿌리도 먹는다.

단풍취

국화과
Ainsliaea acerifolia SCH.-BIP.

꽃

속명/색엽토아풍 · 괴발딱취 · 장이나물 · 괴불딱취
분포지/전국의 산 숲속 그늘
개화기/7~9월
꽃색/흰색
결실기/9월~11월
높이/35~80cm
특징/가지가 없고 긴 갈색 털이 드문드문 나며 잎이 단풍잎 모양이다.
용도/식용 · 관상용
생육상/여러해살이풀
먹는 방법/봄에 어린순을 데쳐서 먹거나 말려 두고 나물로 먹는다.

개미취

국화과
Aster tataricus LINNE

꽃

속명/소판·협판채·산백채·자원·자와·자완
분포지/남부·중부·북부 지방의 깊은 산 낮은 데부터 높은 데까지
개화기/7~10월
꽃색/자주색
결실기/10월
높이/1~2m
특징/키가 크고 가지가 위에서 사방으로 갈라진다.
용도/식용·관상용·약용
생육상/여러해살이풀
먹는 방법/봄·여름에 연한 잎을 삶아 말려 두고 나물로 먹는다.

곰취

국화과
Ligularia fischeri (LEDEB.) TURCZANINOW

속명/북탁오 · 능소 · 마제엽 · 신엽탁오 · 웅채 · 곰취나물
분포지/전국의 깊은 산 고원 지대
개화기/7~9월
꽃색/노란색
결실기/10월
높이/1~2m
특징/잎이 심장 모양이고 넓으며 잎자루에 자줏빛이 돈다.
용도/식용 · 관상용 · 약용
생육상/여러해살이풀
먹는 방법/봄 · 초여름에 어린 잎으로 쌈을 싸 먹고
연한 잎을 삶아 말려 두고 나물로 먹는다.

꽃

높은 산

민박쥐나물

국화과
Cacalia hastata subsp, orientalis KITAMURA

속명/무모산첨자(無毛山尖子) · 삼각채(三角菜) · 저이채(猪耳菜)
분포지/남부 · 중부 · 북부 지방의 높은 산 숲속
개화기/7~9월
꽃색/흰색
결실기/10월
높이/1~2m
특징/윗부분에서 가지가 퍼지며 짧은 털이 있다.
용도/식용 · 관상용
생육상/여러해살이풀
먹는 방법/봄에 어린순을 삶아 먹거나 여름에 연한 잎을 나물로 먹는다.

산나물

큰엉겅퀴

국화과
Cirsium pendulum FISCH.

속명/토대계 · 큰엉겅키
분포지/중부 · 북부 지방의 산과 들 길가
개화기/7~10월
꽃색/홍자색
결실기/11월
높이/1~2m
특징/윗부분에서 가지가 갈라지고 거미줄 같은 털이 있다.
용도/식용 · 약용
생육상/여러해살이풀
먹는 방법/어린순을 데쳐서 나물로 먹는다.

꽃

큰각시취

국화과
Saussurea japonica (THUNB.) DC.

꽃

속명/풍모국 · 모단화 ·
산자국 · 큰각씨취 ·
각시분취
분포지/남부 · 중부 · 북부
지방 깊은 산 높은 곳
개화기/8~10월
꽃색/자주색
결실기/10~11월
높이/50~150cm
특징/줄기에 능선과
털이 있다.
용도/식용 · 관상용 · 약용
생육상/두해살이풀
먹는 방법/봄 · 여름에
연한 잎을 삶아 말려 두고
나물로 먹는다.

산비장이

국화과
Serratula coronata var. *insularis* KITAMURA

꽃

속명/조선마화두
(朝鮮麻花頭)
분포지/남부 · 중부 ·
북부 지방의 산지
개화기/7~10월
꽃색/연한 홍자색
결실기/10월
높이/30~140cm
특징/뿌리줄기(根莖)가
목질(木質)이다.
용도/식용 · 관상용
생육상/여러해살이풀
먹는 방법/봄에 어린순을
삶아 나물로 먹는다.

큰수리취

국화과
Synurus excelsus (MAKINO) KITAMURA

꽃

속명/고산우방·
산수리취·왕수리취
분포지/중부·북부 지방의
깊은 산지 고원
개화기/9~10월
꽃색/흑자색
결실기/11월
높이/1~2m
특징/줄기에 자줏빛이
돌며 거미줄 같은 털이
빽빽이 난다.
용도/식용·약용
생육상/여러해살이풀
먹는 방법/봄·여름에
연한 잎을 삶아 말려 두고
나물이나 떡을 해 먹는다.

두메고들빼기

국화과
Lactuca triangulata MAXIM.

속명/익병산와거·두메왕고들빼기
분포지/제주도·울릉도와 남부·중부 지방의 깊은 산
개화기/7~8월
꽃색/노란색
결실기/10월
높이/1m 안팎
특징/털은 없고 윗부분에서 가지가 갈라진다.
용도/식용·약용
생육상/두해살이풀
먹는 방법/어린순을 삶아 나물로 먹는다.

꽃

얼레지

백합과
Erythronium japonicum DECNE.

속명/차전엽산자고 · 산우두 · 가제무릇 · 얼레기 · 얼레지나물
분포지/남부 · 중부 · 북부 지방의 깊은 산 숲속
개화기/3~5월
꽃색/바탕은 자주색이고 안쪽에 짙은 색 무늬가 있다.
결실기/6월
높이/25~30cm
특징/풀잎에 연한 자주색 무늬가 있다.
용도/식용 · 공업용 · 약용
생육상/여러해살이풀
먹는 방법/봄에 연한 잎을 삶아 물에 담갔다가 말려 두고 나물로 먹는다.

산마늘

백합과
Allium victorialis var. *platyphyllum* MAKINO

꽃봉오리

속명/맹이 · 명이 · 산산 · 각총 · 명이나물
분포지/울릉도와 남부 · 중부 지방의 깊은 산 숲속
개화기/5~7월
꽃색/흰색 · 연한 자주색 · 노란색
결실기/8월
높이/40~70cm
특징/잎이 긴 타원형이고 전체에서 향기가 난다.
용도/식용 · 관상용 · 공업용 · 약용
생육상/여러해살이풀
먹는 방법/봄에 연한 잎을 생으로 초장과 함께 먹거나 된장에 장아찌를 담가 먹는다.

말나리

백합과
Lilium distiichum NAKAI

꽃

속명/백합 · 윤엽백합 ·
산경자 · 산경미
분포지/남부 · 중부 ·
북부 지방의 깊은 산 숲속
개화기/7~8월
꽃색/황적색
결실기/10월
높이/80cm 안팎
특징/잎이 줄기에
수레바퀴 모양으로 난다.
용도/식용 · 관상용 · 약용
생육상/여러해살이풀
먹는 방법/봄에 새순을
삶아 나물로 먹는다.

각시원추리

백합과
Hemerocallis dumortieri MORR

속명/소훤초 · 금침채 · 각씨넘나물
분포지/남부 · 중부 · 북부 지방의 깊은 산 고원 지대
개화기/5~6월
꽃색/노란색
결실기/8월
높이/60cm 안팎
특징/풀 전체가 작으며 꽃대도 짧다.
용도/식용 · 관상용 · 밀원용 · 약용
생육상/여러해살이풀
먹는 방법/봄에 어린순을 삶아 나물로 먹거나 된장국을 끓여 먹고 말려 두고 나물로 먹는다.

큰원추리

나도옥잠화

백합과
Clintonia udensis TRAUTVETTER et METER

속명/제비옥잠 ·
당나귀풀 · 당나귀나물
분포지/제주도와 남부 ·
중부 · 북부 지방의
고산지대 숲속
개화기/5~7월
꽃색/흰색
결실기/7월
높이/30cm 안팎
특징/풀잎이 당나귀
귀와 비슷한 모양이다.
용도/식용 · 관상용
생육상/여러해살이풀
먹는 방법/봄에 어린
잎을 삶아 나물로 먹는다.

민솜대

백합과
Smilacina davurica TURCZ.

속명/녹약(鹿藥)·솜대
분포지/중부·북부 지방의
깊은 산 숲속
개화기/6~7월
꽃색/흰색
결실기/8월
높이/40cm 안팎
특징/뿌리줄기가 옆으로
길게 뻗고 끝에서 줄기
하나가 나온다.
용도/식용·관상용
생육상/여러해살이풀
먹는 방법/어린순을 삶아
나물로 먹는다.

산나물

풀솜대

백합과
Smilacina japonica A. GRAY

속명/녹약(鹿藥) · 솜죽대 · 솜대
분포지/제주도와 남부 · 중부 · 북부 지방의 산지 그늘
개화기/5~7월
꽃색/흰색
결실기/8월
높이/20~50cm
특징/원줄기는 옆으로 비스듬히 자라고 위로 갈수록 털이 많다.
용도/식용 · 관상용
생육상/여러해살이풀
먹는 방법/어린순을 삶아 나물로 먹는다.

꽃

금강애기나리

백합과
Disporum ovale OHWI

속명/진부애기나리 · 난엽보탁초
분포지/남부 · 중부 지방의 깊은 산 숲속
개화기/4~6월
꽃색/황백색 바탕에 자주색 반점이 있다.
결실기/8월
높이/60cm 안팎
특징/꽃에 반점이 있다.
용도/식용 · 약용
생육상/여러해살이풀
먹는 방법/봄에 어린순을 삶아 나물로 먹는다.

큰애기나리

백합과
Disporum viridescens (MAXIM.) NAKAI

속명/녹화보탁초
분포지/제주도와 남부·중부·북부 지방의 산지 숲속
개화기/5~6월
꽃색/녹백색
결실기/8월
높이/30~70cm
특징/줄기 끝이 밑으로 휘어진다.
용도/식용·약용
생육상/여러해살이풀
먹는 방법/봄에 어린순을 삶아 나물로 먹는다.

들나물

집 근처 / 길가

집 근처에서 자라는 꽃다지 군락

집 근처

대황

여뀌과
Rheum undulatum LINNE

속명/당대황 · 장군풀
분포지/시베리아 원산. 간혹 약초 농가에서 재배한다.
개화기/7~8월
꽃색/황백색
결실기/8월
높이/1~1.5m
특징/잎과 줄기가 크고 뿌리는 노란색이다.
용도/식용 · 관상용 · 약용
생육상/여러해살이풀
먹는 방법/봄 · 여름에 연한 잎과 줄기를 삶아 나물로 먹거나 국을 끓여 먹는다.

며느리배꼽

여뀌과
Polygonum perfoliatum LINNE

속명/며느리배꼽 · 하백초 · 사광이풀
분포지/전국의 집 근처 빈터나 길가 구릉지
개화기/7~9월
꽃색/연녹색
결실기/10월
높이/2m 안팎
특징/줄기와 잎자루 등에 밑으로 굽은 날카로운 가시가 있는 덩굴식물
용도/식용 · 약용
생육상/한해살이풀
먹는 방법/봄 · 여름에 연한 잎과 줄기를
삶아 나물로 먹는다.

열매

명아주

명아주과
Chenopodium album var. Centrorubrum MAKINO

속명/홍심려 · 학정초 · 연지채 · 붉은잎능쟁이 · 붉은잎명아주
분포지/전국의 집 근처 텃밭이나 길가 빈터
개화기/6~9월
꽃색/황록색
결실기/8~9월
높이/1m 안팎
특징/줄기에 세로로 난 녹색 줄이 있다.
용도/식용 · 약용
생육상/한해살이풀
먹는 방법/봄 · 여름에 연한 잎과 줄기를 삶아 나물로 먹거나
국을 끓여 먹는다.

흰명아주

명아주과
Chenopodium album var. *spicatum* KOCH.

속명/흰능쟁이
분포지/전국의 집 근처 텃밭이나 빈터
개화기/6~8월
꽃색/황록색
결실기/10월
높이/1m 안팎
특징/명아주와 비슷하나 중심부의 잎이 흰빛을 띤다.
용도/식용 · 약용
생육상/한해살이풀
먹는 방법/봄 · 여름에 연한 잎으로 된장국을 끓여 먹거나 말려 두고 국을 끓여 먹고 데쳐서 나물로 먹는다.

집 근처

비름

비름과
Amaranthus mangostanus LINNE

속명/현 · 헌채 · 비듬나물 · 새비름
분포지/남부 · 중부 · 북부 지방의 집 근처 텃밭이나 길가 빈터
개화기/7~9월
꽃색/녹색
결실기/9월
높이/1m 안팎
특징/가지가 굵게 뻗는다.
용도/식용 · 약용
생육상/한해살이풀
먹는 방법/봄 · 여름에 연한 잎과 줄기를 데쳐서 나물로 먹는다.

눈비름

비름과
Amaranthus deflexus LINNE

속명/누운비름
분포지/남부·중부 지방의 집 근처 텃밭이나 길가 빈터
개화기/8월
꽃색/녹색
결실기/10월
높이/10~30cm
특징/밑에서 가지가 많이 갈라져 옆으로 비스듬히 누워 자란다.
용도/식용·약용
생육상/한해살이풀
먹는 방법/봄·여름에 연한 잎과 줄기를 삶아 나물로 먹는다.

쇠무릎

비름과
Achyranthes japonica (MIQ.) NAKAI

속명/마청초 · 우슬초 · 우슬 · 일본우슬 · 우실
분포지/전국의 들녘 길가 둑이나 집 근처 밭둑
개화기/8~10월
꽃색/녹색
결실기/9~10월
높이/50~100cm
특징/원줄기가 네모지고 마디가 도드라진다.
용도/식용 · 약용
생육상/여러해살이풀
먹는 방법/봄 · 여름에 연한 잎과 줄기를 삶아 나물로 먹는다.

쇠비름

쇠비름과
Portulaca oleracea LINNE

속명/장명채 · 오행초 · 마치용아 · 마치초 · 마치현 · 마치채 · 말비름 · 도둑풀
분포지/전국의 집 근처 텃밭이나 길가 빈터
개화기/6~9월
꽃색/노란색
결실기/8~9월
높이/30cm 안팎
특징/줄기 전체가 육질이며 적갈색이 돈다.
용도/식용 · 약용
생육상/한해살이풀
먹는 방법/봄 · 여름에 연한 잎과 줄기를 삶아
말려 두고 나물로 먹는다.

꽃

집 근처

별꽃

석죽과
Stellaria media VILLARS.

속명/성성초(星星草)
분포지/전국의 집 근처 텃밭이나 들길가
개화기/3~6월
꽃색/흰색
결실기/5~6월
높이/10~20cm
특징/밑에서 가지가 많이 나와 모여 난 것 같다.
용도/식용 · 관상용 · 약용
생육상/두해살이풀
먹는 방법/봄에 어린 순을 국을 끓여 먹거나
데쳐서 나물로 먹는다.

꽃

냉이

십자화과
Capsella bursa-pastoris (LINNE) MEDICUS

속명/제채 · 양근초 · 나생이 · 나숭개나물 · 낭낭지갑
분포지/전국의 집 근처 텃밭 등지
개화기/3~6월
꽃색/흰색
결실기/5~6월
높이/50cm 안팎
특징/줄기는 곧게 서고 잎이 땅바닥으로 누워 사방으로 퍼진다.
용도/식용 · 약용
생육상/두해살이풀
먹는 방법/봄에 어린순과 뿌리로 국을 끓여 먹는다.

집 근처

말냉이

십자화과
Thlaspi arvense LINNE

속명/알람채 · 대개
분포지/전국의 집 근처 텃밭이나 길가
개화기/4~5월
꽃색/흰색
결실기/6월
높이/60cm 안팎
특징/전체적으로 회녹색이 돌며 털이 없고 줄기에 능선이 있다.
용도/식용 · 약용
생육상/두해살이풀
먹는 방법/봄에 어린 잎과 줄기를 삶아
나물로 먹거나 국을 끓여 먹는다.

꽃다지

십자화과
Draba nemorosa var. *hebecarpa* LINDBL.

속명/정력 · 모과정력 · 정력자
분포지/전국의 집 근처 텃밭이나 길가
개화기/3~6월
꽃색/노란색
결실기/6월
높이/20cm 안팎
특징/전체에 짧은 털이 많고 잎이 방석처럼 사방으로 퍼진다.
용도/식용 · 약용
생육상/두해살이풀
먹는 방법/봄에 어린순과 뿌리로 국을 끓여 먹는다.

씨

집 근처

괭이밥

괭이밥과
Oxalis corniculata LINNE

속명/초장초 · 괴싱아 · 시금초
분포지/전국의 집 근처 빈터나 길가 초원
개화기/3~10월
꽃색/노란색
결실기/5월부터
높이/10~30cm
특징/긴 잎자루 끝에 달린 세 잎이 밤에는 오므라들고 잎에서 신맛이 난다.
용도/식용 · 관상용 · 약용
생육상/여러해살이풀
먹는 방법/잎을 생으로 먹거나
데쳐서 된장국 등을 끓여 먹는다.

열매

피마자

대극과
Ricinus communis LINNE

씨

속명/대마자 · 양황두 ·
초마 · 비마자 · 비마 ·
홍비마 · 피마주 · 아주까리
분포지/인도 · 소아시아
원산. 농가에서 재배한다.
개화기/8~10월
꽃색/연노란색
결실기/10월
높이/2m 안팎
특징/가지가 나무같이
갈라지고 줄기 속이
비어 있으며 독이 있다.
용도/식용 · 공업용 · 약용
생육상/한해살이풀
먹는 방법/씨로 기름을
짜며 가을 서리가 오기
직전에 잎을 따서 삶아
물에 우려 독을 없앤 후
말려 두고 나물로 먹는다.

집 근처

미국제비꽃

제비꽃과
Viola sororia WILLD

속명/종지나물
분포지/미국 원산. 남부 · 중부 일부 지방의 집 근처 언덕
개화기/4~5월
꽃색/흰색 바탕에 자주색 맥
결실기/6월
높이/15cm 안팎
특징/땅속줄기가 굵으며 잎에 털이 없고 큰 편이다.
용도/관상용 · 식용
생육상/여러해살이풀
먹는 방법/봄에 어린 잎을 삶아 나물로 먹거나
된장국을 끓여 먹는다.

꽃

호제비꽃

제비꽃과
Viola yedoensis MAKINO

속명/지청초 · 들오랑캐꽃 · 씨름꽃
분포지/남부 · 중부 지방의 들녘 길가 언덕 또는 집 근처 빈터
개화기/4~5월
꽃색/자주색
결실기/7월
높이/15cm 안팎
특징/전체에 짧은 털이 퍼져 있고 잎자루에 날개가 있다.
용도/식용 · 관상용 · 약용
생육상/여러해살이풀
먹는 방법/봄에 어린순을 삶아 나물로 먹거나 된장국을 끓여 먹는다.

호제비꽃

미나리

미나리과
Oenanthe javanica (BLUME.) DC.

속명/수근채 · 근 · 야근채 · 개미나리
분포지/전국의 냇가나 도랑가. 농가에서 논에 재배도 한다.
개화기/6~9월
꽃색/흰색
결실기/9월
높이/30cm 안팎
특징/물에서 자라고 향기가 난다.
용도/식용 · 약용
생육상/여러해살이풀
먹는 방법/연한 잎과 줄기를 생으로 먹거나 김치 등 요리에 쓰고 삶아 나물로 먹는다.

꽃마리

지치과
Trigonotis peduncularis BENTHAM

속명/꽃말이 · 산호초 · 잣냉이
분포지/전국의 집 근처 빈터나 길가 초원
개화기/5~6월
꽃색/연한 남자색
결실기/7월
높이/12~30cm
특징/원줄기는 네모지고 가지가 뻗으며 줄기 끝이 말린다.
용도/식용 · 관상용
생육상/두해살이풀
먹는 방법/봄에 어린 줄기와 잎을 데쳐서 나물로 먹거나 국을 끓여 먹는다.

들깨

꿀풀과
Perilla frutescens var. japonica HARA

속명/자소 · 일본자소
분포지/동남아시아 원산. 농가에서 흔히 재배한다.
개화기/8~9월
꽃색/흰색
결실기/9~10월
높이/60~90cm
특징/가지가 갈라지고 줄기는 네모지며 특유의 향기가 난다.
용도/식용 · 공업용 · 약용
생육상/한해살이풀
먹는 방법/씨에서 기름을 짜 쓰고 연한 잎을 봄 · 여름 · 가을에 생으로 먹거나 삶아 나물로 먹고 된장 장아찌를 담근다.

집 근처

차즈기

꿀풀과
Perilla frutescens var. acuta KUDO

씨

속명/소자 · 소근 · 자소 · 소엽 · 자소자 · 차조기 · 홍소 · 소 · 흑소 · 자주깨
분포지/중국 남부 원산. 약초 농가에서 밭에 재배한다.
개화기/8~9월
꽃색/연한 자주색
결실기/10월
높이/20~80cm
특징/잎이 검은 자주색이며 특유의 향기가 난다.
용도/식용 · 관상용 · 약용
생육상/한해살이풀
먹는 방법/봄 · 여름 · 가을에 연한 잎을 생선회 등과 같이 먹으며 각종 음식에 향신료로 쓴다.

광대나물

꿀풀과
Lamium amplexicaule LINNE

꽃

속명/접골초 · 진주연 · 코딱지나물
분포지/전국의 집 근처 텃밭 또는 들녘의 길가
개화기/3~5월
꽃색/홍자색
결실기/6월
높이/10~30cm
특징/밑에서 가지가 갈라져 여러 대가 나오고 풀잎이 줄기를 둘러싼다.
용도/식용 · 밀원용 · 약용
생육상/두해살이풀
먹는 방법/봄 · 초여름에 연한 잎과 줄기를 삶아 나물로 먹는다.

집 근처

가지

가지과
Solanum melongena LINNE

 꽃

속명/가자 · 가 · 조채자 · 왜과 · 과채 · 까지
분포지/인도 원산. 전국의 농가에서 밭에 재배한다.
개화기/6~9월
꽃색/자주색
결실기/7월부터
높이/60~100cm
특징/전체에 회색 털이 있고 줄기가 자주색이다.
용도/식용 · 약용
생육상/한해살이풀
먹는 방법/연한 열매를 생으로 먹거나 솥에 쪄 나물로 먹고 가을에 열매를 가늘게 쪼개 햇볕에 말려 두고 나물로 먹는다.

박

외과
Lagenaria leucantha RUSBY

속명/포과 · 포 · 참조롱박 · 박덩굴 · 박나물
분포지/아프리카 · 열대 아시아 원산. 각지의 농가에서 재배한다.
개화기/7~9월
꽃색/흰색
결실기/10월
높이/10m 안팎
특징/줄기에 짧고 연한 털이 있는 덩굴식물
용도/식용 · 관상용 · 공업용
생육상/한해살이풀
먹는 방법/여름 · 초가을에 어린 열매를 삶아 나물로
먹거나 익은 열매의 속살을 양념하여 먹는다.

꽃

집 근처

호박

외과
Cucurbita moschata DUCHESNE

속명/남과인 · 남과 · 금과 · 번과 · 동과 · 남과채 · 조선호박
분포지/열대 아메리카 원산. 전국의 농가에서 흔히 재배한다.
개화기/6~10월(온실 재배를 하면 일년 내내 꽃이 핀다)
꽃색/노란색
결실기/9~10월
높이/5m 안팎
특징/전체에 털이 있어 거칠고 덩굴손이 달리는 덩굴식물
용도/식용 · 약용
생육상/한해살이풀
먹는 방법/애호박은 각종 요리에 쓰고 늙은 호박은 죽이나 떡을 해 먹으며 줄기와 잎은 쌈이나 된장국을 끓여 먹는다.

씨

머위

국화과
Petasites japonicus
(SIEB. et ZUCC.) MAXIMOWICZ

속명/관동화 · 봉두엽 ·
봉두채 · 머웃대
분포지/제주도 · 울릉도와
남부 · 중부 지방의
집 근처 습한 둑
개화기/2~4월
꽃색/황백색
결실기/6월
높이/40cm 안팎
특징/긴 잎자루 끝에 둥근
잎이 우산 모양으로 달린다.
용도/식용 · 관상용 · 약용
생육상/여러해살이풀
먹는 방법/봄에 어린 잎을
데쳐서 초고추장에 무쳐
먹거나 쌈을 싸 먹고
여름에 잎자루 껍질을
벗겨 삶아 된장국을 끓여
먹거나 장아찌를 담가
먹는다.

집 근처

진득찰

국화과
Siegesbeckia glabrescens MAKINO

꽃

속명/희첨 · 광희첨 · 소모희첨
분포지/남부 · 중부 · 북부 지방의 집 근처 텃밭이나 길가 빈터
개화기/8~9월
꽃색/노란색
결실기/10월
높이/1m 안팎
특징/털이 적고 줄기가 가늘다.
용도/식용 · 약용
생육상/한해살이풀
먹는 방법/봄 · 여름에 연한 잎을 삶아 말려 두고 나물로 먹거나 된장국을 끓여 먹는다.

지느러미엉겅퀴

국화과
Carduus crispus LINNE

꽃

속명/엉거시 · 산계 · 비렴
분포지/전국의 산과 들.
주로 집 근처 텃밭
가장자리나 길가 둑
개화기/5~8월
꽃색/홍자색
결실기/6월부터
높이/1m 안팎
특징/줄기에 지느러미
같은 날개가 있다.
용도/식용 · 관상용 · 약용
생육상/두해살이풀
먹는 방법/봄에
어린순과 잎을 데쳐서
나물로 먹거나 된장국을
끓여 먹는다.

집 근처

지칭개나물

국화과
Hemistepta lurata BUNGE

속명/지치광이 · 니호채 · 지칭개
분포지/전국의 산과 들. 주로 낮은 곳의 밭이나 논
개화기/5~7월
꽃색/홍자색
결실기/6월부터
높이/80cm 안팎
특징/전체에 흰 빛이 돌며 줄기에 골이 많이 파인다.
용도/식용 · 약용
생육상/두해살이풀
먹는 방법/봄에 어린순을 삶아 나물로 먹거나 된장국을 끓여 먹는다.

우엉

국화과
Arctium lappa LINNE

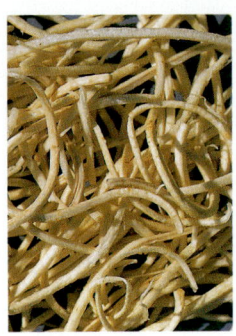

꽃

속명/우방근 · 악실 · 우방자 · 대력자 · 우방 · 우채 · 구보 · 우웡
분포지/유럽 · 시베리아 · 중국 · 일본 원산. 약초 농가에서 재배한다.
개화기/7~8월
꽃색/흑자색
결실기/9월
높이/150cm 안팎
특징/잎이 넓고 가지가 갈라지며 흰 털이 난다.
용도/식용 · 약용
생육상/두해살이풀
먹는 방법/가을에 뿌리를 캐어 가늘게 쪼개 삶아 나물로 먹거나 된장국을 끓여 먹는다.

좀씀바귀

국화과
Lxeris stolonifera A. GRAY

속명/고채 · 만고과채
분포지/제주도 · 울릉도, 남부 · 북부 지방의 들녘 길가
개화기/5~6월
꽃색/노란색
결실기/6월부터
높이/10cm 안팎
특징/잎이 둥글고 키가 작아 땅에 붙어 자란다.
용도/식용 · 약용
생육상/여러해살이풀
먹는 방법/봄 · 여름에 연한 잎을 데쳐서 된장국을 끓여 먹는다.

치커리

국화과
Cichorium intybus ERECTPERENNIAL

뿌리 말린 것

속명/지코리 · 치코리
분포지/중앙아시아 ·
소련 · 네팔 원산.
특히 강원 산간에서 많이
재배한다.
개화기/7~8월
꽃색/벽자색
결실기/10월
높이/50~150cm
특징/털이 없고 잎이
무성하며 뿌리가 굵다.
용도/식용
생육상/한해 또는
두해살이풀
먹는 방법/봄에 연한
잎을 삶아 나물로 먹으며
뿌리로 차를 만들어
마신다.

치커리

고들빼기

국화과
Youngia sonchifolia MAXIMOWICZ

속명/씬나물 · 꼬들빼기
분포지/전국의 낮은 지대 길가 둑이나 집 근처 빈터
개화기/5~7월
꽃색/노란색
결실기/6월부터
높이/80cm 안팎
특징/가지가 많이 갈라지고 잎을 자르면 흰 유액이 나온다.
용도/식용 · 관상용 · 약용
생육상/두해살이풀
먹는 방법/봄에 어린순과 뿌리로 된장국을 끓여 먹고
가을에 연한 잎과 뿌리로 김치를 담가 먹는다.

나물

토란

천남성과
Colocasia antiquorum var. esculenta ENGL

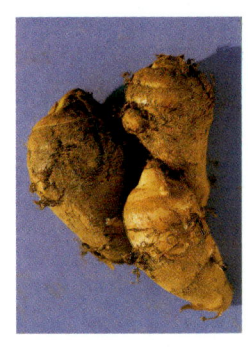

잎자루 말린 것

속명/우 · 우두 · 토지 · 백우 · 토란 줄기
분포지/열대 아시아 원산. 농가에서 밭에 재배한다.
개화기/8~9월(간혹 핀다)
꽃색/노란색
결실기/열매를 맺지 못한다.
높이/80cm 안팎
특징/땅속에 알뿌리가 많이 생기며 독이 있다.
용도/식용 · 공업용 · 약용
생육상/여러해살이풀
먹는 방법/가을에 잎자루를 말려 두고 삶아 나물로 먹고 알뿌리는 껍질을 벗겨 물에 담가 독을 뺀 후 국을 끓여 먹거나 각종 요리를 해 먹는다.

닭의장풀

닭의장풀과
Commelina communis LINNE

꽃

속명/압식초 · 수부초 · 노초 · 람화초 · 압척초 · 달개비 · 닭의밑씻개
분포지/전국의 집 근처 텃밭이나 길가 빈터
개화기/7~8월
꽃색/청자색
결실기/9월
높이/15~50cm
특징/원래 집 안의 닭장 밑에 잘 자란다.
용도/식용 · 약용
생육상/한해살이풀
먹는 방법/봄 · 여름에 연한 잎과 줄기를 삶아 나물로 먹으며 여름에 줄기와 잎을 말려 두고 차 대용으로 끓여 먹는다.

집 근처

원추리

백합과
Hemerocallis dumortieri MORR

속명/등황옥잠 · 등황훤초 · 금침채 · 훤초 · 황화채 · 넘나물 · 왕원추리
분포지/전국의 산 낮은 지대 습한 곳. 각지에서 집 근처에 심는다.
개화기/7~8월
꽃색/등황색
결실기/10월
높이/1m 안팎
특징/땅속에 뭉쳐지는 뿌리가 있고 굵어지는 덩이뿌리(塊根)도 있다.
용도/식용 · 관상용 · 밀원용 · 약용
생육상/여러해살이풀
먹는 방법/봄에 나오는 새순을 삶아 나물로 먹거나 말려 두고 먹는다.

길가에서 자라는 달래

모시풀

쐐기풀과
Boehmeria nivea (LINNE) GAUDICH.

속명/야저마 · 저 · 원마 ·
가마 · 백저마 · 저마근 ·
왕모시풀 · 모시 · 정미근
분포지/전국의 길가 습한
둑. 농가에서 재배한다.
개화기/7~8월
꽃색/황백색 · 연녹색
결실기/10월
높이/1~2m
특징/줄기는 둥글고
전체에 연한 털이 많다.
용도/식용 · 공업용 · 약용
생육상/여러해살이풀
먹는 방법/가을에 연한
잎을 따서 삶아 말려 두고
떡을 해 먹는다.

수영

여뀌과
Rumex acetosa LINNE

속명/산모 · 당약 · 산양제 · 산대황 · 우설두 · 시금초 · 괴승아 · 시영 · 괴싱아
분포지/전국의 길가 초원 및 논둑이나 밭둑
개화기/5~6월
꽃색/연녹색
결실기/8월
높이/30~80cm
특징/신맛이 많이 난다.
용도/식용 · 밀원용 · 약용
생육상/여러해살이풀
먹는 방법/봄에 어린순을 데쳐서 나물이나 국을 끓여 먹고 줄기를 생으로 먹기도 한다.

길가

소리쟁이

여뀌과
Rumex crispus LINNE

속명/양제근 · 조선산모 · 소루쟁이 · 긴잎소루쟁이 · 개소루쟁이
분포지/남부 · 중부 · 북부 지방의 길가 또는 습한 도랑가
개화기/6~7월
꽃색/녹색
결실기/9월
높이/30~80cm
특징/녹색 줄기에 자줏빛이 돌고 뿌리가 굵다.
용도/식용 · 약용
생육상/여러해살이풀
먹는 방법/봄 · 초여름에 연한 잎은 삶아 나물로 먹는다.

싱아

여뀌과
Aconogonum polymorphum (LEDEB.) T. LEE

속명/광엽료 · 승애 · 승아 · 숭아 · 숭애 · 넓은잎싱아
분포지/남부 · 중부 · 북부 지방의 산과 들. 주로 산기슭
개화기/6~8월
꽃색/흰색
결실기/10월
높이/1m 안팎
특징/곧게 서고 가지가 많이 갈라진다.
용도/식용 · 밀원용
생육상/여러해살이풀
먹는 방법/봄 · 초여름에 연한 잎과 줄기를 삶아 나물로 먹는다.

호장근

여뀌과
Reynoutria elliptica (KOIDZ.) MIGO

속명/호장·반장·반홍조·이상·범승아·범싱아
분포지/전국의 산 낮은 곳 길가 및 숲 가장자리
개화기/6~8월
꽃색/흰색
결실기/9월
높이/1m 안팎
특징/줄기가 나무 같고 속이 비어 있다.
용도/식용·관상용·밀원용·약용
생육상/여러해살이풀
먹는 방법/봄에 어린순을 삶아 나물로 먹는다.

꽃

고마리

여뀌과
Polygonum thunbergii SIEBOLD et ZUCCARINI

속명/극엽료 · 고만이 · 고만잇대
분포지/전국의 산과 들. 산골짜기 냇가나 들녘의 도랑가
개화기/8~9월
꽃색/흰 바탕에 붉은 반점이 있거나 흰색 또는 연홍색
결실기/10월
높이/1m 안팎
특징/약간 덩굴성이며 줄기 능선을 따라 아래를 향한 가시가 있다.
용도/식용 · 약용
생육상/한해살이풀
먹는 방법/봄 · 여름에 연한 잎과 줄기를 삶아
나물로 먹거나 된장국을 끓여 먹는다.

꽃

길가

바보여뀌

여뀌과
Persicaria pubescens HARA

속명/유모료 · 바보역귀
분포지/전국의 들녘
강가 또는 연못가
개화기/8월
꽃색/흰 바탕에 연홍색
결실기/10월
높이/40~80cm
특징/물가에서 자라며
털이 없다.
용도/식용 · 밀원용 · 약용
생육상/한해살이풀
먹는 방법/봄 · 여름에
연한 잎과 줄기를 삶아
나물로 먹는다.

벼룩이자리

석죽과
Stellaria alsine var. undulata OHWI

속명/벼룩나물 · 작설초
분포지/전국의 들녘.
논둑이나 밭둑 길가 등
개화기/4~6월
꽃색/흰색
결실기/6월
높이/15~25cm
특징/털이 없고 밑에서
가지가 많이 나와
둥치처럼 된다.
용도/식용
생육상/두해살이풀
먹는 방법/봄에 새순을
생으로 초장에 무쳐
먹거나 국을 끓여 먹는다.

점나도나물

석죽과
Cerastium holosteoides var. hallaisanense MIZUSHMA

속명/점나도 · 권이 · 종지권이
분포지/전국의 산과 들. 주로 들녘의 길가 초원 및 집 근처
개화기/5~7월
꽃색/흰색
결실기/8월
높이/15~25cm
특징/가지가 많이 갈라지고 줄기에 검은 자줏빛이 돌며 털이 많다.
용도/식용
생육상/두해살이풀
먹는 방법/봄에 어린순으로 국을 끓여 먹거나
삶아 나물로 먹는다.

꽃

쇠별꽃

석죽과
Stellaria aquatica SCOP.

꽃

속명/콩버무리
분포지/전국의 집 근처
텃밭이나 들녘 길가 초원
개화기/4~7월
꽃색/흰색
결실기/6~7월
높이/20~50cm
특징/옆으로 비스듬히
자란다.
용도/식용 · 관상용 · 약용
생육상/두해살이풀
먹는 방법/봄 · 초여름에
연한 잎과 줄기를 데쳐서
나물로 먹는다.

대나물

석죽과
Gypsophila oldhaniana MIQUEL

속명/은시호 · 하초근 · 하초 · 사석죽 · 구석두화 · 마생채 · 마리나물
분포지/남부 · 중부 · 북부 지방의 산과 들. 낮은 길가 숲 가장자리
개화기/7~9월
꽃색/흰색
결실기/10월
높이/50~100cm
특징/털이 없고 여러 대가 포기를 이룬다.
용도/식용 · 약용
생육상/여러해살이풀
먹는 방법/봄 · 여름에 연한 잎과 줄기를 삶아 나물로 먹는다.

장구채

석죽과
Melandryum firmum (S. et Z.) ROHRB.

씨

속명/왕불류행 · 여루채 · 견경여루채
분포지/전국의 산과 들. 길가의 논둑이나 밭둑, 산기슭
개화기/7~9월
꽃색/연한 홍색
결실기/9월
높이/30~80cm
특징/줄기에 자줏빛이 돌며 열매가 장구채 모양이다.
용도/식용 · 약용
생육상/두해살이풀
먹는 방법/봄 · 여름에 연한 잎과 줄기를 삶아 나물로 먹는다.

길가

순채

수련과
Brasenia schreberi J. E. GMEL

속명/부규 · 류 · 순나물 · 파래
분포지/남부 지방 들녘의 연못 속
개화기/7~8월
꽃색/검은 홍자색
결실기/9월
높이/2m 안팎(물 깊이에 따라 다르다)
특징/뿌리줄기는 옆으로 뻗고 원줄기는 물 위에 떠서 자란다.
용도/식용 · 관상용 · 약용
생육상/여러해살이 수생 식물
먹는 방법/봄 · 여름에 새싹을 둘러싸고 있는 투명한
막질의 포를 채취하여 묵나물을 만들어 먹는다.

새순

연

수련과
Nelumbo nucifera GAERTNER

뿌리

속명/연근·하엽·
연화·연꽃·연자·
연밥·연뿌리
분포지/열대·온대
동아시아 원산.
전국의 들녘 연못
개화기/7~8월
꽃색/연홍색 또는 흰색
결실기/10월
높이/1~1.5m
(물 깊이에 따라 다르다)
특징/잎이 우산 모양이다.
용도/식용·관상용·약용
생육상/여러해살이
수생 식물
먹는 방법/여름에 연한
잎을 말려 죽을 쑤어
먹으며 뿌리는 각종
요리에 쓴다.

큰황새냉이

십자화과
Cardamine scutata THUNB.

속명/대정쇄미제(大頂碎米薺)
분포지/제주도와 남부 · 중부 · 강원도 이남의 산과 들 냇가 또는 습지 부근
개화기/5~6월
꽃색/흰색
결실기/6월
높이/20cm 안팎
특징/털이 없으며 원줄기는 약하고 여러 대로 갈라져 비스듬히 자라며 황새냉이와 비슷하지만 소엽(小葉)이 작고 둥글며 정소엽(頂小葉)이 크다.
용도/식용
생육상/여러해살이풀
먹는 방법/봄에 어린 싹과 뿌리로 된장국 등을 끓여 먹는다.

나도냉이

십자화과
Barbarea orthoceras LEDEB.

꽃

속명/산개채
분포지/전국의 집 근처 습한 텃밭 도랑가나 길가
개화기/5~6월
꽃색/노란색
결실기/8월
높이/1m 안팎
특징/털이 없고 가지가 갈라진다.
용도/식용 · 약용
생육상/두해살이풀
먹는 방법/봄에 어린순을 데쳐서 나물이나 국을 끓여 먹는다.

장대나물

십자화과
Arabis glabra (LINNE) BERNH.

꽃

속명/광엽남개채
(光葉南芥菜)·장대
분포지/남부·중부·
북부 지방의 산과 들
양지쪽 빈터
개화기/4~6월
꽃색/흰색
결실기/8월
높이/70cm 안팎
특징/뿌리가 땅속 깊이
들어가고 첫해에는
원줄기 없이 잎이
한 군데에서 많이 나오고
다음해에 원줄기가
자라고 잎자루가 없는
잎이 달린다.
용도/식용
생육상/두해살이풀
먹는 방법/봄에 어린 잎을
삶아 나물로 먹는다.

돌나물

돌나물과
Sedum sarmentosum BUNGE.

속명/화건초 · 수분초 · 돈나물
분포지/전국의 낮은 지대 산이나 길가의 습하고 돌이 많은 둑
개화기/5~6월
꽃색/노란색
결실기/9월
높이/15cm 안팎
특징/바위 표면이나 땅 위를 따라 뻗는다.
용도/식용 · 관상용 · 약용
생육상/여러해살이풀
먹는 방법/봄 · 여름에 연한 잎과 줄기로
김치를 담가 먹거나 삶아 된장국을 끓여 먹는다.

돌나물

뱀딸기

장미과
Duchesnea indica (ANDR.) FOCKE.

열매

속명/야양매 · 사매 · 가락지나물
분포지/전국의 산과 들. 주로 집 근처 둑이나 길가
개화기/4~9월
꽃색/노란색
결실기/5월부터
높이/20cm 안팎
특징/줄기에 긴 털이 있고 땅위로 길게 뻗는다.
용도/관상용 · 식용 · 약용
생육상/여러해살이풀
먹는 방법/봄에 연한 잎과 줄기를 삶아 나물로 먹거나 된장국을 끓여 먹는다.

길가

가락지나물

장미과
Potentilla kleiniana WIGHT et ARNOTT

속명/사함·위능채·오조룡·쇠스랑개비
분포지/전국의 집 근처 텃밭 둑이나 길가의 약간 습한 곳
개화기/5~7월
꽃색/노란색
결실기/6~7월
높이/20~60cm
특징/땅위로 비스듬히 누워 자라고 가지가 옆으로 퍼진다.
용도/식용·관상용
생육상/여러해살이풀
먹는 방법/봄에 연한 잎과 줄기를 삶아 나물로 먹는다.

양지꽃

장미과
Potentilla fragarioides var. *major* MAXIMOWICZ

속명/소시랑개비 · 위릉채
분포지/전국의 산과 들.
주로 길가 언덕의 양지
개화기/3~5월
꽃색/노란색
결실기/5~6월
높이/30~50cm
특징/긴 털이 있고
꽃이 진 후 옆으로
줄기가 뻗는다.
용도/식용 · 관상용 · 약용
생육상/여러해살이풀
먹는 방법/봄에 어린순과
연한 잎을 삶아 나물로
먹거나 된장국을 끓여
먹는다.

갈퀴나물

콩과
Vicia amoena FISCHER

속명/산완두 · 야두각 · 말굴레 · 칼키나물 · 녹두두미
분포지/전국의 산과 들. 주로 낮은 산 길가 초원
개화기/6~9월
꽃색/홍자색
결실기/9~10월
높이/80~180cm
특징/덩굴손으로 다른 물체를 감고 올라가는 덩굴식물
용도/식용 · 밀원용
생육상/여러해살이풀
먹는 방법/봄 · 여름에 연한 잎과 줄기를 삶아 나물로 먹으며 말려 두고 먹는다.

단풍잎제비꽃

제비꽃과
Viola albida var. *takahashii* (MAKINO) NAKAI

속명/단풍제비꽃 · 근근채
분포지/울릉도 · 제주도와 남부 · 중부 지방의 산과 들.
주로 낮은 곳 산기슭
개화기/3~4월
꽃색/흰색
결실기/6월
높이/15cm 안팎
특징/잎이 단풍잎 모양으로 갈라진다.
용도/식용 · 약용
생육상/여러해살이풀
먹는 방법/봄에 어린순을 데쳐서 나물로 먹거나 된장국을 끓여 먹는다.

길가

서울제비꽃

제비꽃과
Viola seoulensis NAKAI

꽃

속명/경성근채 · 서울오랑캐꽃
분포지/중부 지방 · 경기도 · 서울 근교의 집 근처 언덕
개화기/4~5월
꽃색/연한 보라색 혹은 짙은 보라색
결실기/6월
높이/20cm 안팎
특징/제비꽃과 비슷하나 잎이 긴 타원형이거나 피침형이고 처음에는 안으로 약간 말린다.
용도/식용 · 관상용 · 약용
생육상/여러해살이풀
먹는 방법/봄에 연한 잎을 삶아 나물로 먹거나 된장국을 끓여 먹는다.

제비꽃

제비꽃과
Viola mandshurica W. BECKER

속명/근근채 · 자화지정 · 장수꽃 · 씨름꽃 · 오랑캐나물
분포지/전국의 산과 들. 주로 길가 언덕
개화기/4~5월
꽃색/자주색
결실기/7월
높이/20cm 안팎
특징/잎자루가 길고 잎이 긴 타원형이다.
용도/식용 · 관상용 · 약용
생육상/여러해살이풀
먹는 방법/봄에 연한 잎을 삶아
나물로 먹거나 된장국을 끓여 먹는다.

흰낚시제비꽃

제비꽃과
Viola grypoceras for. *albiflora* MAKINO

속명/백화고경근(白花高莖菫) · 흰낚시제비
분포지/전국의 산과 들. 주로 낮은 지대의 양지 쪽 길가
개화기/4~5월
꽃색/흰색
결실기/8월
높이/25cm 안팎
특징/뿌리줄기에 마디가 많고 원줄기는 여러 대가 비스듬히 서거나 옆으로 눕는다.
용도/식용 · 관상용 · 약용
생육상/여러해살이풀
먹는 방법/봄에 연한 잎과 줄기를 삶아 나물로 먹는다.

진퍼리까치수염

앵초과
Lysimachia fortunei MAXIMOWICZ

속명/성숙채 · 대전기황 · 진퍼리까치수영 · 진주채
분포지/남부 지방의 들녘 연못가나 논둑 등 습한 곳
개화기/7~8월
꽃색/흰색
결실기/10월
높이/40~70cm
특징/꽃이삭이 곧게 선다.
용도/식용 · 관상용 · 약용
생육상/여러해살이풀
먹는 방법/봄 · 초여름에 연한 잎과 줄기를 삶아 나물로 먹는다.

앵초

앵초과
Primula sieboldii MORREN.

속명/취란화 · 앵미 · 앵채 · 풍차초
분포지/남부 · 중부 · 북부 지방 산의 낮은 계곡 습지
개화기/4~5월
꽃색/홍자색
결실기/8월
높이/20cm 안팎
특징/잎이 모두 뿌리에서 나오고 긴 타원형이며 털이 있다.
용도/식용 · 관상용 · 약용
생육상/여러해살이풀
먹는 방법/봄에 연한 잎을 삶아 나물로 먹거나 국을 끓여 먹는다.

봄맞이꽃

앵초과
Androsace umbellata (LOUR) MERR.

속명/점지매 · 보춘화 · 동전초
분포지/남부 · 중부 · 북부 지방의 들녘 논밭둑 양지
개화기/3~5월
꽃색/흰색
결실기/6월
높이/10cm 안팎
특징/잎이 땅 위에 사방으로 퍼지며 구리색을 띤다.
용도/식용 · 관상용
생육상/두해살이풀
먹는 방법/봄에 어린순으로 국을 끓여 먹는다.

애기메꽃

메꽃과
Calystegia hederacea WALL.

속명/소선화 · 타완화 · 일이초
분포지/전국의 들녘 길가 초원이나 논둑
개화기/6~8월
꽃색/홍자색
결실기/9~10월
높이/80~180cm
특징/메꽃과 비슷하지만 꽃이 작고 잎이 피침상 삼각형인 덩굴식물
용도/식용 · 관상용 · 약용
생육상/여러해살이풀
먹는 방법/봄 · 여름에 연한 잎과 줄기를 삶아 나물로 먹고
땅속 뿌리를 기름에 튀기거나 솥에 쪄서 요리해 먹는다.

메꽃

메꽃과
Calystegia japonica (THUNB.) CHOISY

속명/선화 · 일본타원화 ·
일본천소
분포지/전국의 들녘
논둑이나 길가 언덕
개화기/6~8월
꽃색/연홍색
결실기/9월
(대개 열매를 맺지 못한다)
높이/2m 안팎
특징/땅속에 길고 흰
뿌리가 뻗는 덩굴식물
용도/식용 · 관상용 · 약용
생육상/여러해살이풀
먹는 방법/봄 · 여름에
연한 잎과 줄기를 삶아
나물로 먹으며 땅속의
뿌리를 기름에 튀기거나
솥에 쪄서 요리해 먹는다.

길가

지치

지치과
Lithospermum erythrorhizon SIEB. et ZUCC.

속명/자초(紫草)·자근(紫根)·지초·주치·차근
분포지/전국의 산과 들. 주로 낮은 지대 풀밭
개화기/5~6월
꽃색/흰색
결실기/7월
높이/30~70cm
특징/곧게 자라며 뿌리가 굵고 자주색이며 땅속 깊이 들어간다.
용도/식용·공업용·약용
뿌리는 자주색 염료재로 쓴다.
생육상/여러해살이풀
먹는 방법/어린순을 삶아 나물로 먹는다.

병꽃풀

꿀풀과
Glechoma hederacea LINNE

속명/연전초 · 마제초
분포지/제주도와 남부 지방의 들녘 길가나 언덕 양지
개화기/4~5월
꽃색/홍자색
결실기/6월
높이/20cm 안팎
특징/줄기가 네모지고 털이 약간 있으며 잎이 둥글고 자줏빛이 난다.
용도/식용 · 관상용 · 밀원용 · 약용
생육상/여러해살이풀
먹는 방법/봄에 어린 줄기와 잎을 삶아 나물로 먹는다.

질경이

질경이과
Plantago asiatica LINNE

씨

속명/차전초 · 차전 · 차전자 · 야지채 · 하마초 · 우모채 · 차륜채 · 길짱구 · 배부장이 · 배합조개 · 배짜개
분포지/전국의 산과 들. 주로 길바닥에 자란다.
개화기/6~8월
꽃색/흰색
결실기/10월
높이/90cm 안팎
특징/모든 잎이 뿌리에서 나오고 잎맥이 드러난다.
용도/식용 · 약용
생육상/여러해살이풀
먹는 방법/봄 · 여름에 연한 잎을 삶아 나물로 먹는다.

떡쑥

국화과
Gnaphalium affine D. DON

속명/서국초 · 불이초 · 모자초
분포지/제주도와 남부 · 중부 · 북부 지방의 들녘 길가 풀섶
개화기/5~10월
꽃색/연한 황색
결실기/8월부터
높이/15~40cm
특징/전체에 흰 섬유질이 덮여 있다.
용도/식용 · 약용
생육상/두해살이풀
먹는 방법/봄 · 여름에 연한 잎을 삶아 나물로 먹거나 떡을 해 먹으며 말려 두고 먹기도 한다.

쑥부쟁이

국화과
Aster yomena MAKINO

꽃

속명/계아장 · 마란 ·
자채 · 계장초 · 마란두 ·
권연초 · 쑥부장이
분포지/전국의 산과 들.
약간 습한 길가 구릉지나
산기슭
개화기/7~10월
꽃색/자주색
결실기/10월
높이/30~100cm
특징/줄기가 녹색 바탕에
자줏빛이 돈다.
용도/식용 · 관상용 · 약용
생육상/여러해살이풀
먹는 방법/봄 · 여름에
연한 잎과 줄기를 삶아
말려 두고 나물로 먹는다.

벌개미취

국화과
Aster koraiensis NAKAI

꽃

속명/조선자원 · 별개미취
분포지/제주도와 남부 ·
중부 지방 산과 들.
주로 길가 초원에 나고
관상용으로 심는다.
개화기/6~10월
꽃색/연한 자주색
결실기/10월
높이/50~60cm
특징/잎이 두껍고 길며
줄기에 자줏빛이 돈다.
용도/식용 · 관상용 · 약용
생육상/여러해살이풀
먹는 방법/봄 · 초여름에
연한 잎을 삶아 말려 두고
나물로 먹는다.

민들레

국화과
Taraxacum mongolicum H. MAZZ.

속명/안질방이 · 지정 · 포공영
분포지/전국의 산과 들. 주로 낮은 곳의 길가 초원
개화기/3~5월
꽃색/노란색
결실기/5월
높이/30cm 안팎
특징/잎을 자르면 흰 유액이 나온다.
용도/식용 · 관상용 · 밀원용 · 약용
생육상/여러해살이풀
먹는 방법/봄 · 여름에 연한 잎으로 쌈을 싸 먹거나
데쳐서 된장국을 끓여 먹고 뿌리는 기름에 튀겨 먹는다.

흰민들레 씨

서양민들레

국화과
Taraxacum officinale WEBER

속명/약포공영 · 약민들레 · 포공영
분포지/유럽 원산. 전국의 산과 들, 주로 도시의 길가
개화기/3~9월
꽃색/노란색
결실기/4월부터
높이/25cm 안팎
특징/꽃받침이 밑으로 젖혀지며 민들레와 비슷하다.
용도/식용 · 관상용 · 밀원용 · 약용
생육상/여러해살이풀
먹는 방법/봄 · 여름에 연한 잎을 생으로 먹거나 쌈을 싸 먹고 데쳐서 된장국을 끓여 먹기도 하고 뿌리는 기름에 튀겨 먹는다.

서양민들레

개망초

국화과
Erigeron annuus (LINNE) PERS.

꽃

속명/일년연 · 비연 · 아호 · 치학초 · 왜풀 · 개망풀
분포지/북미 원산. 전국의 산과 들, 집 근처 텃밭이나 길가 초원
개화기/6~9월
꽃색/흰색
결실기/8~9월
높이/30~100cm
특징/굵은 털이 많이 난다.
용도/식용 · 사료용
생육상/두해살이풀
먹는 방법/봄에 연한 잎을 삶아 쌈을 싸 먹거나 된장국을 끓여 먹는다.

쑥

국화과
Artemisia princeps var. *orientulis* (PAMPAN) HARA

속명/봉호 · 애 · 호 · 애자 · 애엽 · 약애 · 약쑥 · 뜸쑥 · 참쑥 · 모기태쑥
분포지/전국의 산과 들. 길가 언덕 및 산기슭 양지
개화기/7~9월
꽃색/연한 홍자색
결실기/10월
높이/60~120cm
특징/전체가 흰 거미줄 같은 털로 덮여 있다.
용도/식용 · 약용
생육상/여러해살이풀
먹는 방법/봄에 어린순으로 국을 끓여 먹으며 봄 · 초여름에 연한 잎을 삶아 말려 두고 떡을 해 먹기도 한다.

엉겅퀴

국화과
Cirsium maackii MAXIMOWICZ

속명/장군초 · 마자초 · 자아채 · 대계 · 계 · 대계초 · 가시나물 · 항가새 · 엉거시
분포지/전국의 산. 길가 초원과 들녘의 밭둑 등
개화기/6~8월
꽃색/자주색
결실기/7~8월
높이/1m 안팎
특징/전체에 흰 털과 거미줄 같은 털이 있고 잎 끝이 가시가 된다.
용도/식용 · 관상용 · 약용
생육상/여러해살이풀
먹는 방법/봄 · 여름에 연한 잎을 삶아 나물로 먹거나 국을 끓여 먹고 가을에 새로 나오는 연한 잎으로 된장국을 끓여 먹는다.

뻐꾹채

국화과
Rhaponticum umiflorum DC.

속명/루로 · 대화계 ·
뻐꾹나물
분포지/남부 · 중부 ·
북부 지방의 낮은 산기슭
또는 길가
개화기/6~8월
꽃색/홍자색
결실기/8월
높이/30~70cm
특징/전체가 흰 털로
덮여 있고 엉겅퀴와
비슷하지만 가시가 없다.
용도/식용 · 관상용 · 약용
생육상/여러해살이풀
먹는 방법/봄에 연한 잎을
삶아 나물로 먹거나
된장국을 끓여 먹는다.

씀바귀

국화과
Ixeris dentata (THUNB.) NAKAI

뿌리

속명/고채 · 황매채 · 씀배나물
분포지/제주도와 남부 · 중부 · 북부 지방의 들녘 습한 논둑
개화기/5~7월
꽃색/노란색
결실기/6월부터
높이/25~50cm
특징/잎을 자르면 흰 유액이 나온다.
용도/식용 · 약용
생육상/여러해살이풀
먹는 방법/봄에 어린순과 뿌리를 살짝 데쳐 초장을 하여 먹거나 된장국을 끓여 먹는다.

흰씀바귀

국화과
Ixeris dentata (THUNB) *var. albiflora* NAKAI

속명/고채 · 씀바귀
분포지/제주도와 남부 · 중부 · 북부 지방의 산과 들. 낮은 곳의 길가
개화기/5~7월
꽃색/흰색
결실기/6월부터
높이/25~50cm
특징/씀바귀와 비슷하나 흰 꽃이 핀다.
용도/식용 · 약용
생육상/여러해살이풀
먹는 방법/봄에 어린순과 뿌리를 살짝 데쳐서 초장을 하여 먹거나 된장국을 끓여 먹는다.

왕고들빼기

국화과
Lactuca indica var. laciniata (O. KUNTZE) HARA

꽃

속명/압자식 · 산생채 · 고개채 · 산와거 · 사라구 · 방가리똥 · 왕고줄빼기
분포지/전국의 집 근처 빈터나 들녘의 길가
개화기/7~9월
꽃색/연한 노란색
결실기/10월
높이/1~2m
특징/윗부분에서 가지가 갈라지고 줄기나 잎을 자르면 흰 유액이 나온다.
용도/식용 · 약용
생육상/한해 내지 두해살이풀
먹는 방법/봄 · 여름에 연한 잎으로 쌈을 싸 먹으며 데쳐서 나물로 먹는다.

보리뱅이

국화과
Youngia japonica (LINNE) DC.

꽃

속명/황매채·박조가리나물
분포지/제주도와 남부·중부 지방의 산과 들. 주로 낮은 곳의 밭둑
개화기/5~6월
꽃색/노란색
결실기/6월
높이/15~100cm
특징/전체에 가는 털이 퍼져 있고 잎과 줄기에 흑갈색이 돈다.
용도/식용
생육상/두해살이풀
먹는 방법/봄에 어린순과 잎을 데쳐서 나물로 먹거나 된장국을 끓여 먹는다.

참나리

백합과
Lilium lancifolium

주아

속명/권단 · 백합 ·
피침엽백합 · 호피백합 ·
야백합 · 호랑나리 ·
당개나리 · 홍백합
분포지/전국의 낮은 지대
집 근처 언덕이나 길가,
섬의 바닷가 산기슭
개화기/7~8월
꽃색/황적색 바탕에
자주색 반점
결실기/10월
높이/1~2m
특징/줄기에 자줏빛이
돌며 꽃도 키도 크다.
용도/식용 · 관상용 · 약용
생육상/여러해살이풀
먹는 방법/봄 · 초여름에
연한 새싹을 삶아 나물로
먹으며 땅속의 비늘줄기도
요리해 먹는다.

참나리

달래

백합과
Allium monanthum MAXIMOWICZ

꽃

속명/산총 · 단화총 · 애기달래 · 들달래
분포지/전국의 들녘 밭둑이나 논둑
개화기/4월
꽃색/흰색 또는 연한 붉은빛
결실기/6월
높이/30cm 안팎
특징/전체에서 특이한 향기가 난다.
용도/식용 · 약용
생육상/여러해살이풀
먹는 방법/봄에 연한 새 잎과 땅속의 비늘줄기를 생으로 초장하여 먹는다.

무릇

백합과
Scilla scilloide (LINNE) DRUCE

꽃

속명/면조아 · 지조 · 천산
분포지/전국의 산과 들.
주로 낮은 지대 언덕
개화기/7~9월
꽃색/연한 홍자색
결실기/10월
높이/20~50cm
특징/땅속에 껍질이
흑갈색인 비늘줄기가 있다.
용도/식용 · 약용
생육상/여러해살이풀
먹는 방법/봄에 새싹을
비늘줄기와 같이 삶아
나물로 먹거나 솥에 고아
영양 강정식으로 먹는다.

쇠뜨기

속새과
Equisetum arvense LINNE

속명/쇠띠기 · 문형 · 문형자 · 필두채
분포지/전국의 산과 들. 주로 들녘의 길가 둑
개화기/3~5월
꽃색/갈색 포자가 형성된다.
결실기/6월에 포자가 날아간다.
높이/30~40cm
특징/생식경이 이른봄에 먼저 나와 뱀의 대가리 모양으로 포자가 형성된다.
용도/식용 · 약용
생육상/여러해살이풀
먹는 방법/봄에 일찍 나오는 생식경(꽃대 같은 것)을 따서 데치거나 삶아 나물로 먹는다.

바닷가·섬의 나물 / 나무

해변의 봄나물

대청

십자화과
Isatis tinctoria var. yezoensis OHWI

속명/송람 · 송람엽 · 승람 · 파란잎 · 대청잎
분포지/중부 · 북부 지방의 바닷가
개화기/5~6월
꽃색/노란색
결실기/8월
높이/30~70cm
특징/전체에 분백색이 돈다.
용도/식용 · 공업용
생육상/두해살이풀
먹는 방법/봄에 새로 나오는 연한 잎을 삶아 나물로 먹거나 생으로 초장을 하여 먹는다.

유채

십자화과
Brassica campestris subsp napus var. nippo-oleifera MAKINO

속명/운대 · 남새 · 백채 · 청채
분포지/중국 원산. 제주도와 남부 지방에서 흔히 밭에 재배한다.
개화기/3~5월
꽃색/노란색
결실기/6월
높이/1m 안팎
특징/가지가 약간 갈라지고 잎이 원줄기를 감싼다.
용도/식용 · 공업용 · 밀원용
생육상/두해살이풀
먹는 방법/연한 잎과 줄기로 김치를 담가 먹거나
삶아 나물로 먹고, 국을 끓여 먹기도 한다.

번행초

번행초과
Tetragonia tetragonoides O. KUNTZE

속명/번행 · 법국파채
분포지/제주도 및 남해 · 다도해 섬 지방 · 울릉도 · 독도의 바닷가
개화기/3~9월
꽃색/노란색
결실기/8월부터
높이/40~60cm
특징/풀잎에 가는 모래알 같은 돌기가 있다.
용도/식용 · 약용
생육상/늘푸른 풀
먹는 방법/봄 · 여름에 연한 새 잎을 생으로
요리해 먹거나 삶아 나물로 먹고, 국을 끓여 먹기도 한다.

바닷가 · 섬의 나물

갯무

십자화과
Raphanus sativus for. *raphanistroides* MAKINO

속명/갯무우
분포지/제주도 및 남부 · 다도해 섬 지방 등 바닷가 모래땅
개화기/4~5월
꽃색/연한 자주색 · 연한 홍자색
결실기/5월
높이/90cm 안팎
특징/무와 비슷하며 바닷가에 야생 상태로 자라고 뿌리는 크지 않다.
용도/식용 · 약용
생육상/두해살이풀
먹는 방법/잎과 뿌리로 김치를 담가 먹거나
삶아서 된장국을 끓여 먹는다.

꽃

살갈퀴

콩과
Vicia angustifolia var. segetilis K. KOCH.

속명/구황야완두(救荒野豌豆)·춘가편두(春假扁豆)·야채두(野菜豆)
분포지/제주도와 남부 지방의 산과 들. 주로 낮은 지대 길가
개화기/5월
꽃색/홍자색
결실기/7월
높이/60~150cm
특징/밑부분이 많이 갈라지며 옆으로 자란다.
용도/식용·사료용
생육상/두해살이풀
먹는 방법/봄에 어린 잎과 줄기를 삶아 나물로 먹는다.

섬초롱꽃

도라지과
Campanula takesimana NAKAI

꽃

속명/울릉초롱꽃·
풍경초·모시나물
분포지/울릉도 바닷가
초원
개화기/5~7월
꽃색/연한 자주색 바탕에
짙은 색 반점
결실기/8월
높이/30~100cm
특징/원줄기에 자줏빛이
돌고 잎자루의 잎이
좁아지며 날개로 된다.
용도/식용·관상용·약용
생육상/여러해살이풀
먹는 방법/봄에 연한 잎을
삶아 초장이나 양념에
무쳐 먹거나 말려 두고
기름에 볶아 나물로
먹는다.

바닷가 · 섬의 나물

방가지똥

국화과
Sonchus oleraceus LINNE

속명/고마채 · 곡자채 · 고채 · 고거채 · 방가지풀
분포지/전국의 들녘 길가 초원이나 해변가
개화기/5~10월
꽃색/노란색
결실기/8월부터
높이/30~100cm
특징/줄기 속이 비어 있고 잎이 줄기를 완전히 감싼다.
용도/식용 · 약용
생육상/한해 또는 두해살이풀
먹는 방법/봄 · 여름에 연한 잎과 줄기를 삶아 나물로 먹는다.

울릉미역취

국화과
Solidago virga-aurea var. *gigantea* MIQUEL

속명/큰메역취 · 미역취 · 취나물
분포지/울릉도 산기슭. 농가에서 재배한다.
개화기/8~9월
꽃색/노란색
결실기/10월
높이/15~70cm
특징/미역취보다 전체적으로 크며 억세어 보인다.
용도/식용 · 약용
생육상/여러해살이풀
먹는 방법/사계절 새로 나오는 잎을 삶아
말려 두고 나물로 먹는다.

꽃

두메부추

백합과
Allium senescens LINNE

속명/산구 · 메부추
분포지/울릉도와 중부 · 북부 지방의 바닷가 산기슭이나 깊은 산
개화기/8~9월
꽃색/홍자색
결실기/10월
높이/20~60cm
특징/부추와 비슷하며 향기가 난다.
용도/식용 · 관상용 · 약용
생육상/여러해살이풀
먹는 방법/연한 잎을 생으로 초장에
넣어 먹거나 뿌리와 잎을 데쳐서 나물로 먹는다.

꽃

섬말나리

백합과
Lilium hansonii LEICHTLIN

속명/백합 · 섬나리
분포지/울릉도의
성인봉 숲
개화기/6~7월
꽃색/붉은 빛이 도는
노란색
결실기/9월
높이/50~100cm
특징/잎이 두세 층의
수레바퀴 모양으로 달린다.
용도/식용 · 관상용 · 약용
생육상/여러해살이풀
먹는 방법/어린순을 삶아
나물로 먹으며 땅속의
비늘줄기를 어린순과
함께 먹기도 한다.

고추나무

고추나무과
Staphylea bumalda DC.

속명/성고유(省沽油) · 수조(水條) · 개절초나무 · 미영다래나무 · 매대나무 · 까자귀나무 · 미영꽃나무 · 쇠열나무 · 철쭉잎
분포지/전국의 산지. 산골짜기와 냇가 주변
개화기/5～6월
꽃색/흰색
결실기/10월
높이/3～5m
특징/가지는 둥글고 회녹색이며 어린 가지에 털이 없다.
용도/식용 · 관상용
생육상/낙엽관목 또는 소교목
먹는 방법/봄에 연한 잎을 삶아 나물로 먹는다.

열매

두릅나무

오갈피과
Aralia elata SEEM.

새순

속명/목두채(木頭菜)·
총목(摠木)두릅·참두릅
분포지/전국의 산야지.
주로 바위가 잘려 나간
산기슭
개화기/8~9월
꽃색/흰색
결실기/10월
높이/3~4m
특징/원줄기는 가지가
많이 갈라지지 않으며
센 가시가 많다.
용도/식용·관상용·약용
생육상/낙엽관목
먹는 방법/봄에 새순을
데쳐서 나물로 먹는다.

두릅나무

참죽나무

멀구슬나무과
Cedrela sinensis A. JUSS.

속명/향춘(香椿)·
춘아수(春芽樹)·
참중나무·쭉나무·
참가중나무·저근백피
분포지/중국 원산.
중부 이남에서 집 근처에
흔히 심는 귀화식물
개화기/6월
꽃색/흰색
결실기/10월
높이/20m 안팎
특징/나무껍질이 얇게
갈라져 붉은색 껍질이
나오며 새순에는
붉은색이 돈다.
용도/식용·공업용·
관상용·약용
생육상/낙엽교목
먹는 방법/봄에 새순을
데쳐서 나물로 먹는다.

부록
나물, 나물 요리에 관하여

나물이 나오는 시기

우리 나라는 남북으로 길게 뻗은 지리적 조건에다 사계절이 뚜렷하고 기후가 온난하여 다양한 식물이 자란다. 그러나 식물이 싹 트는 시기는 지방마다 다르다. 제주도나 남해, 다도해, 섬 지방, 울릉도 등에서는 기후가 따뜻하여 겨울에도 길가에 싹이 돋는 것을 볼 수 있다. 하지만 봄 나물이 많이 돋아나는 시기는 어느 정도 정해져 있다.

제주도에는 2월쯤 길가의 양지바른 곳에 쑥, 냉이, 꽃다지, 광대나물, 개불알풀, 자난초, 점나도나물, 벼룩이자리, 머위, 엉겅퀴 등의 새잎이 나오며 바닷가에는 번행초, 갯무, 갓, 땅채송화 등의 새싹이 고개를 내민다.

남부 지방에는 3월이 되면서 양지바른 언덕에 냉이, 쑥, 달래, 꽃다지, 병꽃풀, 미나리, 개불알풀, 광대나물, 말냉이, 개망초, 봄맞이꽃, 꽃마리, 제비꽃 등의 새싹이 나오지만 산에서는 그 때가 되어도 찾아보기 어렵다.

중부 지방에는 3월 하순께 접어들어야 남부 지방에 나오는 나물을 만날 수 있고 남부 지방에서 3월 하순께 새잎이 나오는 얼레지, 산자고 등은 4월이 되어야 만날 수 있다. 4월 하순께 접어들면 산 속의 나무에도 파란 싹이 돋아나며 나무 아래에도 풀이 무성하게 돋아난다. 그러나 중부 지방의 높은 산과 휴전선 인접 지역 고원지에는 5월 하순과 6월 초순이 지나야 나무와 풀의 새잎이 나온다.

그러나 때맞추어 나물을 찾아 나서면 우리 주변에 나물 아닌 것이 거의 없을 정도이니 수확하는 새로운 즐거움을 얻을 수 있다.

나물을 뜯을 때 지켜야 할 점

나물을 뜯을 때에는 남이 뜯는다고 따라 뜯기보다는 필요한 만큼만 뜯고 그 이상은 뜯지 말아야 한다. 또 자기가 뜯은 나물은 스스로 먹어 보는 것이 좋다.

요사이 나물 뜯는 일이 다시 붐을 이루면서 아예 남김없이 '싹쓸이'를 하는 바람에 풀과 나무가 고사(古死)하여 꽃을 피우지 못

하고 열매도 못 맺게 만드는데 이래서는 안 된다.

앉은부채의 잎, 박새의 새잎, 얼레지의 꽃과 잎, 앵초의 꽃과 잎 등 먹지도 못하는 것을 마구 뽑아 버리고, 먹을 수 있는 것이지만 통째로 뽑아 길바닥에 내팽개친 것을 종종 볼 수 있다. 먹기 위해서가 아니라 그저 남을 따라서 채취했기 때문에 생각 없이 길바닥에 내동댕이친 것으로 이런 일은 삼가야 할 행동이다.

나물 뜯는 시기와 방법

우리는 상식적으로 봄이나 여름에 나물을 뜯을 수 있다는 것쯤은 안다. 그러나 나물을 뜯을 때는 먹을 수 있는 부분을 정확히 뜯어야 한다. 모든 식물은 새순이 나올 때 영양소가 많고 부드러우며 그 때가 지나면 한갓 잡초나 다름없다. 또 식성에 따라 다르긴 하지만 나물의 먹는 부분이 떡잎, 연한 잎, 연한 줄기 또는 뿌리 등임을 알고 기호에 따라 채취 시기를 달리하여 먹는 것도 중요하다.

앞서 말한 대로 지방에 따라 기후가 달라 뜯을 수 있는 때가 빠르거나 늦기도 하므로 때와 장소를 꼭 집어 말할 수는 없다.

풀이나 나무의 싹이 트는 상황을 보아 부드러운 새순을 따되 칼 등의 도구를 쓰기보다 손으로 꺾거나 손톱 끝으로 뜯는 것이 좋다. 예부터 나물은 채취할 때 칼을 쓰면 맛이 제대로 안 난다고 하여 한 가지에 한두 개 난 새순을 딸 때 손으로 꺾곤 했다. 나뭇잎도 마찬가지이고, 풀도 줄기나 뿌리가 뽑혀 나오지 않도록 손톱으로 떡잎 하나만 따서 먹었다.

민들레의 경우, 봄에는 잎이 연해 언제라도 먹을 수 있으나 여름에는 쓴맛이 나므로 잎을 모두 잘라 주고 열흘도 채 안 되어 다시 나오는 연한 새잎을 먹으면 된다. 원래 잎이 열 개였다면 새로 나오는 잎은 열한 개 정도이며, 자르는 대로 계속 잎이 나온다. 뿌리를 먹으려면 한 포기를 캐어 뿌리만 토막 내어(여러 토막도 괜찮다) 먹을 것은 빼놓고 한두 토막을 다시 묻어 두면 그 자리에서 다시 싹이 나온다. 그리고 민들레를 재배할 때에는 밭에 옮겨 햇빛이 정면으로 비치지 않도록 차광망을 쳐 주거나 가랑잎 등으로 가려 주면 상추같이 부드러운 민들레잎을 먹을 수 있다.

왕고들빼기도 마찬가지이다. 결국 자연 상태를 만들어 주는 게 중요하니, 산길이나 들길을 지날 때 어떤 식물이 어떻게 자라는지를 눈여겨보아 두면 기를 때 큰 도움이 될 것이다. 그런데 무엇보다도 포기를 캐고 나서는 그 자리를 표나지 않게 메워 줄 것을 꼭 당부하고 싶다. 산이나 들의 풀을 뜯는 것은 좋지만 순을 너무 많이 뜯어 버려 다음해에 채취할 수 없다거나 땅을 파헤쳐 그곳에 다시 싹을 틔우지 못하게 해서는 안 된다. 씨를 맺고 다음해 새 그루가 날 수 있도록 세심한 배려를 해야 한다.

한편 나물을 뜯는 것도 중요하지만 뜯은 나물을 다듬는 법도 매우 중요하다. 아무것이나 손에 닿는 대로 뜯어서 마구 뒤섞어 담으면 나중에 다듬기도 어려울 뿐더러 버리게 되는 경우도 있다. 그러므로 나물을 뜯을 때에는 몇 가지 종류를 정하여 뜯고, 뜯은 후에 종류별로 가려 담을 수 있도록 해야 한다. 바구니나 봉지를 몇 개 가져가 담으면 나중에 다듬기가 훨씬 쉽다.

나물 요리법

산나물이든 밭에 심은 나물이든, 나물은 그 맛이 각각이다. 쓴맛, 텁텁한 맛, 떫은 맛 등. 특히 산나물은 맛과 향이 너무 강하므로 삶은 후 물에 담가 둔다든가 해서 순화시킨 다음 입맛에 맞도록 양념하거나 기름에 볶아 먹어야 제맛을 내는 것도 있다.

나물은 뜯은 후 그대로 오래 두면 자꾸 억세지므로 뜯은 후 바로 조리해야 제 맛을 잃지 않는다. 삶아서 물에 담가 두면 쓴맛이 빠지고 부드러워지므로 입맛에 맞추어 조절하면 맛을 더 잘 즐길 수 있다. 늦봄이나 초여름에는 대개 줄기가 억세므로 소금 한줌을 넣고 살짝 데친 다음 찬물에 30분쯤 씻어 먹으면 좋다.

몇 가지 소개하자면 다음과 같다.

유채나 무를 겨자로 무치면 쓴맛이 살아나며, 된장은 나물 특유의 강한 냄새를 없애 주고 맛을 알맞게 해준다.

고사리는 뜯어 그릇에 담은 후 숯으로 덮어 놓고 뜨거운 물을 부은 다음 바로 뚜껑을 덮은 뒤 눌림돌을 살짝 올려놓고 만 하루쯤 두었다가 다시 더운물에 살짝 데친 후 물에 씻어 볕에 말린다.

그것을 두고두고 먹을 때마다 알맞게 요리하면 부드러운 맛을 즐길 수 있다. 다만 말리는 동안 여러 번 손으로 뒤적여 주지 않으면 부드러운 고사리 나물이 되지 않는다.

산나물의 부드러움과 맛을 제대로 느끼기에는 튀김이 좋다. 튀김용으로는 나뭇잎 종류가 더욱 좋은데 고추나무 잎, 두릅나무 순, 독활 순, 참죽나무 새 잎, 도라지 뿌리 등이 적당하다. 메꽃 뿌리나 민들레 뿌리도 밀가루를 묻혀 기름에 튀기면 매우 맛있다. 기름이 된장처럼 조미료 역할을 하여 고유한 맛이 더 살아난다.

튀김도 좋지만 부치거나 참기름으로 볶거나 찌개를 해도 색다른 맛이 난다. 부추, 산부추, 참나물, 취나물, 떡취, 산마늘은 부침의 재료로 아주 좋으며, 얼레지나물, 둥굴레나물, 고사리, 고구마 잎자루, 피마자 잎, 무 잎, 원추리나물, 미역취나물, 울릉미역취나물, 각시취 등은 기름과 잘 어울리니 참기름으로 볶아 먹으면 좋다.

미나리, 왕고들빼기, 갯무, 번행초, 원추리, 참나리, 비비추, 벌깨덩굴 등은 대개 찌개에 넣어 끓여 먹는다. 줄기나 잎을 삶아 기름에 볶거나 무쳐 먹기도 하고 향기가 있는 것은 부치거나 찌개를 끓여 먹는다.

나물 보관법

나물은 향과 맛이 변하지 않도록 보관해 두어야 한다. 대개 햇볕에 말려서 먹지만 때로는 소금에 절여 두기도 한다. 나물을 소금에 묻어 두기도 하고(삶아서 물기를 적당히 없앤 것), 졸인 소금물에 담가 두기도 하며, 된장 속에 박아 장아찌같이 두기도 한다. 이렇게 보관한 것을 찬물에 우려서 소금기를 빼낸 후 먹는다.

여름에 산에서 뜯은 취나물류 등은 섬유질이 많으므로 끓는 물에 살짝 데쳐서 식힌 후 물기를 꼭 짜낸 다음 깨끗한 봉지에 담아 얼려 두었다가 먹을 때 살짝 녹여서 먹는다.

특히 산마늘, 참나물, 벌깨덩굴, 참죽나무, 광대수염 등 향이 강한 식물은 물에 살짝 데쳐서 얼려 두면 색과 향이 그대로 남는다.

나물 요리의 키 포인트

*표시된 나물은 독성이 있으므로 독을 우려낸 후 요리해 먹어야 함

나물 이름	뜯는 시기/ 먹는 부분	요리법	요리법이 같은 나물 / 기타
1. 모시풀	봄·여름/ 잎	연한 잎을 삶아 물에 담갔다가 물기를 뺀 후 쌀가루를 묻혀서 떡을 해 먹거나 말려 두고 기름에 튀겨 먹는다.	
2. 수영	봄/ 잎·줄기	연한 잎과 줄기를 삶아 기름장을 하여 먹거나 말려 두고 버섯 등을 넣고 기름에 요리하여 먹는다.	소리쟁이· 대황· 왜개싱아· 싱아· 호장근
3. 며느리배꼽	봄/ 어린순	어린 순을 뜨거운 물에 데쳐 초고추장에 무쳐 먹는다.	이삭여뀌· 고마리· 가시여뀌· 여뀌· 바보여뀌
4. 명아주	봄·초여름/ 전체	살짝 데쳐서 양념하여 나물로 먹거나 된장국을 끓여 먹는다.	취명아주· 흰명아주· 시금치

5. 비름	늦봄·초여름/잎	살짝 데쳐서 초고추장 등 양념을 하여 먹거나 된장국을 끓여 먹는다.	개비름·눈비름
6. 쇠무릎	봄/어린순	어린순을 살짝 데쳐서 초고추장에 무쳐 먹는다.	
7. 번행초	봄·초여름/잎·줄기	어린순을 생으로 샐러드하여 먹거나 국을 끓여 먹는다.	
8. 쇠비름	늦봄·초여름/잎	연한 잎과 줄기를 그늘에 잘 말려 두었다가 삶아 기름 양념을 하여 초고추장에 무쳐 먹거나 된장국을 끓여 먹는다.	
9. 벼룩이자리	봄·여름/잎	어린순으로 쌈을 싸 초장에 먹거나 된장국을 끓여 먹는다.	
10. 점나도나물	봄·여름/잎	어린순과 잎을 살짝 데쳐서 기름 양념을 하여 무쳐 먹거나 된장국을 끓여 먹는다.	개별꽃·덩굴개별꽃·참개별꽃·쇠별꽃·별꽃

11.대나물	봄·초여름/ 어린순	어린순을 살짝 데쳐서 기름과 초고추장 양념을 하고 초장을 가미하여 무쳐 먹거나 된장국을 끓여 먹는다.	장구채
12.순채	초여름/ 투명질의 포막	새싹을 보호하는 투명질의 포막(묵처럼 투명한 것)을 채취하여 묵나물을 만들어 먹는다.	흔치 않은 식물이다.
13.연	가을/ 뿌리	뿌리를 잘게 썰어 장에 장아찌를 담가 먹거나 기름과 엿과 간장을 가미하여 요리해 먹는 등 여러 가지 요리법이 있다.	
14.연잎꿩의다리	초여름/ 잎	연한 잎을 생으로 초장에 먹으면 향기가 있어 좋고, 살짝 데쳐서 미나리나 버섯 등을 섞어 양념하여 기름에 볶아 먹는다.	
15.금낭화*	봄/ 잎·줄기·꽃대	연한 잎과 줄기, 꽃대를 데치거나 삶아 찬물에 우려낸 후 기름에 양념하여 나물로 먹거나 초고추장에 무쳐 먹는다.	
16.유채	이른봄/ 잎·뿌리	연한 잎과 뿌리로 김치를 담가 먹고 잎은 삶아 말려 두고 나물로 먹거나 된장국을 끓여 먹는다.	

17. 냉이	이른봄/ 어린순· 뿌리	어린순과 뿌리로 된장국을 끓여 먹는다.	모든 냉이류의 식물
18. 꽃다지	이른봄/ 어린순	어린순으로 된장국을 끓여 먹는다.	
19. 장대나물	봄/ 잎·줄기	연한 잎과 줄기를 살짝 데쳐서 초고추장이나 양념에 무쳐 먹는다.	큰산장대
20. 돌나물	봄/ 잎·줄기	연한 잎과 줄기를 오이, 연한 무 잎 등과 섞어서 김치를 담가 먹고 초고추장에 무쳐 먹거나 된장국을 끓여 먹는다.	
21. 뱀딸기	봄·초여름/ 잎·줄기	연한 잎과 줄기를 삶아 된장국을 끓여 먹거나 말려 두고 기름에 양념하여 볶아 먹는다.	가락지나물· 솜양지꽃· 양지꽃· 민눈양지꽃
22. 뱀무	봄/ 어린순	어린순을 삶아 된장국을 끓여 먹거나 초고추장에 무쳐 먹는다.	큰뱀무

23. 오이풀	봄/ 잎	연한 잎을 삶아 무쳐 먹거나 냉동실에 보관해 두고 먹으며 햇볕에 말려 두고 기름에 볶아 먹기도 한다.	긴오이풀
24. 짚신나물	봄· 초여름/ 잎	연한 잎을 삶아 말려 두고 기름에 볶아 나물로 먹는다.	산짚신나물
25. 살갈퀴	봄· 초여름/ 잎·줄기	연한 잎과 줄기를 삶아 말려 두고 기름에 볶아 먹는다.	갈퀴나물· 큰나비나물· 활량나물· 나비나물· 갯완두· 활나물 등
26. 괭이밥	봄/ 잎	어린 잎을 생으로 먹거나 살짝 데쳐서 초장 등 양념을 하여 먹거나 버섯을 섞어 볶아 먹는다.	애기괭이밥· 큰괭이밥· 선괭이밥
27. 피마자*	가을/ 잎·씨	씨에서 기름을 짜 쓰거나 서리가 오기 직전에 연한 잎을 삶아 물에 담가 독을 우려낸 후 햇볕에 말려 두고 기름에 볶아 먹는다.	
28. 고추나무	봄/ 잎	어린 잎을 데쳐서 초고추장에 무쳐 먹거나 햇볕에 말려 두고 기름에 볶아 먹는다.	

29. 물레나물	봄/ 잎·줄기	연한 잎과 줄기를 살짝 데쳐서 초고추장에 무쳐 먹거나 된장국을 끓여 먹는다.	고추나물
30. 남산제비꽃	봄/ 잎	연한 잎을 삶아 초고추장에 무쳐 먹거나 된장국을 끓여 먹고 말려 두었다가 기름에 볶아 먹기도 한다.	제비꽃과의 모든 나물
31. 두릅나무	봄/ 어린순	어린순을 데쳐 초고추장에 무쳐 먹거나 버섯이나 당근을 섞어서 기름에 볶아 먹거나 기호에 따라 여러 방법으로 조리해 먹는다.	독활
32. 붉은참반디	봄/ 잎	어린 잎을 살짝 데쳐서 기름장에 무쳐 먹거나 물기를 빼어 냉동실에 보관해 두고 초고추장에 무쳐 먹는다.	사상자
33. 미나리	봄·초여름/ 잎	연한 잎으로 초장에 쌈을 싸 먹거나 살짝 데쳐서 초고추장에 무쳐 먹고 생으로 각종 요리에 넣어 먹는다.	참나물·노루참나물
34. 구릿대	봄·초여름/ 잎·잎자루·줄기	연한 잎자루는 생으로 생선회 등을 먹을 때 같이 먹으며 잎과 줄기 등은 살짝 데쳐서 초고추장에 무쳐 먹는다.	궁궁이·개발나물·잔잎바디·어수리

35. 까치수염	봄/ 잎 · 줄기	연한 잎과 줄기를 삶아 된장국을 끓여 먹거나 초고추장에 무쳐 먹는다.	참좁쌀풀 · 진퍼리 까치수염
36. 앵초	봄/ 잎	연한 잎을 삶아 양념하여 먹거나 된장국을 끓여 먹는다.	큰앵초 · 봄맞이꽃 · 금강 봄맞이꽃
37. 고구마	가을/ 잎 · 잎자루 · 뿌리	잎자루를 삶아 말려서 기름에 볶아 먹고 연한 잎자루는 껍질을 벗겨 썰어서 무와 섞어 김치를 담가 먹는다. 또 잎을 삶아서 된장국을 끓여 먹고 뿌리는 생으로 먹거나 솥에 찌든가 구워 먹는다.	
38. 메꽃	봄 · 초여름/ 뿌리	땅속의 길고 굵은 흰색 뿌리를 캐어 적당히 잘라 기름에 튀겨 영양 간식이나 양념하여 조려 먹는다.	애기메꽃
39. 당개지치	봄/ 잎 · 줄기	연한 잎과 줄기를 살짝 데쳐서 양념하여 무쳐 먹거나 말려 두고 나물로 먹는다.	지치
40. 참꽃마리	봄/ 잎 · 줄기	연한 줄기와 잎을 데쳐서 나물로 무쳐 먹고 대개 된장국을 끓여 먹는다.	꽃마리 · 좀꽃마리

41.배초향	여름/ 잎	연한 잎을 생으로 생선회와 같이 먹거나 생선 찌개에 넣고 끓여 먹으며 살짝 데쳐서 초고추장에 쌈을 싸 먹거나 말려 두고 나물로 먹기도 한다.	
42.벌깨덩굴	봄/ 잎·줄기	연한 줄기를 잎과 삶아 양념에 무쳐 먹거나 된장국을 끓여 먹고, 말려 두고 기름에 볶아 먹는다.	긴병꽃풀· 병꽃풀
43.꿀풀	봄/ 잎·줄기	연한 잎과 줄기를 삶아 양념에 무쳐 먹거나 말려 두고 먹는다.	송장풀
44.광대나물	봄/ 잎·줄기	연한 잎과 줄기를 삶아 양념장에 무쳐 먹거나 된장국을 끓여 먹는다.	광대수염
45.들깨	여름/ 잎·씨	씨는 기름을 짜 쓰고 연한 잎은 회·고기 등과 함께 먹거나 장아찌로 먹는 등 기호에 따라 여러 방법으로 먹는다.	차즈기· 청소엽· 방아풀
46.산박하	여름/ 잎	연한 잎을 생선을 끓이는 데 넣어 먹거나 삶아 나물로 먹는다.	속단

47. 가지	여름·초가을/열매	연한 열매를 솥에 쪄 무쳐 먹거나 덜 익은 열매를 가늘게 썰어 햇볕에 말려 두고 기름에 볶아 먹는다.	
48. 질경이	봄/잎	연한 잎을 삶아 초고추장에 무쳐 먹거나 된장국을 끓여 먹는다.	
49. 솔나물	봄/잎·줄기	어린 잎과 줄기를 삶아 초고추장에 무쳐 먹거나 된장국을 끓여 먹는다.	
50. 쥐오줌풀	봄/잎·줄기	어린 잎과 줄기를 삶아 무쳐 먹거나 말려 두고 기름에 볶아 먹는다.	마타리·금마타리·뚝갈
51. 솔체꽃	봄·초여름/잎	연한 잎을 삶아 무쳐 먹거나 말려 두고 기름에 볶아 먹으며 떡을 해 먹기도 한다.	
52. 박	여름·초가을/열매	어린 박을 썰어서 삶아 나물로 무쳐 먹거나 말려 두고 삶아 기름에 볶아 먹고, 익은 박은 가을에 씨를 발라 내고 솥에 삶아 속살을 긁어 내어 초장에 무쳐 먹는다.	

53.호박	초여름 · 초가을/열매	애호박을 나물로 먹거나 각종 찌개에 넣어 요리하며 부침개를 해 먹고 늙은 호박은 죽을 쑤어 먹거나 썰어 말려 두고 떡을 해 먹기도 한다.	
54.섬초롱꽃	봄/ 잎 · 줄기	어린 잎과 줄기를 삶아 무쳐 먹으며 말려 두고 기름에 볶아 먹는다.	도라지모싯대 · 모싯대 · 염아자 · 초롱꽃 · 잔대 · 수원잔대 · 자주꽃방망이
55.도라지	봄/ 어린순 · 뿌리	어린순은 삶아 나물로 먹고 더덕의 뿌리는 생으로 초장하여 먹거나 구워 먹으며 만삼 · 도라지는 뿌리를 기름에 볶아 먹는다.	더덕 · 만삼
56.솜나물	봄/ 어린순	어린순을 삶아 나물이나 된장국을 끓여 먹으며 말려 두고 떡을 해 먹기도 한다.	떡쑥
57.단풍취	봄/ 어린순	어린순을 삶아 양념하여 먹거나 말려 두고 기름에 볶아 먹는다.	
58.등골나물	봄 · 초여름/ 잎 · 줄기	연한 잎과 줄기를 삶아 말려 두고 기름에 볶아 먹는다.	

59. 미역취	봄·초여름/ 잎·줄기	연한 잎과 줄기를 삶아 말려 두고 나물로 먹으며, 대개 기름에 볶아 먹고 삶아서 바로 양념하여 먹기도 한다.	울릉미역취· 벌개미취· 까실쑥부쟁이· 개미취·참취· 민쑥부쟁이 등
60. 개망초	봄/ 잎	어린 잎을 삶아 나물로 먹거나 된장국을 끓여 먹는다.	
61. 머위	이른봄/ 잎·잎자루	어린 잎과 잎자루를 같이 살짝 데쳐서 초고추장에 무쳐 먹거나 쌈을 싸 먹으며 여름에는 잎자루 껍질을 벗기고 잘게 썰어 된장국을 끓여 먹거나 장아찌를 담가 먹는다.	
62. 곰취	봄·초여름/ 잎	어린 잎을 생으로 초고추장에 쌈을 싸 먹거나 삶아 무쳐 먹고, 햇볕에 말려 두고 기름에 볶아 먹기도 한다.	
63. 민박쥐나물	봄·초여름/ 잎·줄기	연한 잎과 줄기를 삶아 햇볕에 말려 두고 기름에 볶아 먹는다.	우산나물
64. 톱풀	봄/ 잎	어린 잎을 삶아 양념하여 먹는다.	

65. 쑥	봄/어린순	어린순을 삶아 떡을 해 먹거나 쑥 된장국, 쑥 버무리, 쑥개떡, 송편, 튀김 등을 만들어 먹는다.	뺑쑥·산쑥
66. 멸가치	봄·초여름/잎	연한 잎을 삶아 양념하여 무쳐 먹거나 말려 두고 기름에 볶아 먹는다.	
67. 진득찰	봄·여름/잎·줄기	연한 잎과 줄기를 삶아 양념하여 먹는다.	털진득찰
68. 엉겅퀴	봄/잎	연한 잎을 삶아 무쳐 먹거나 된장국을 끓여 먹는다.	큰엉겅퀴·좁은잎엉겅퀴·지느러미엉겅퀴
69. 지칭개나물	봄/어린순	어린순을 삶아 나물이나 된장국을 끓여 먹는다.	
70. 우엉	가을/뿌리	뿌리를 캐어 가늘게 쪼개 기름에 볶아 먹는다.	

71. 뻐꾹채	봄·여름/ 잎	연한 잎을 삶아 말려 두고 기름에 볶아 먹는다.	각시취· 큰각시취· 분취· 산비장이
72. 수리취	봄·여름/ 잎	연한 잎을 삶아 말려 두고 기름에 볶아 먹거나 떡을 해 먹는다.	큰수리취
73. 절굿대	봄/ 잎	어린 잎을 삶아 된장국을 끓여 먹거나 무쳐 먹는다.	조뱅이
74. 쇠서나물	봄·여름/ 잎·줄기	연한 잎과 줄기를 삶아 양념에 무쳐 먹거나 된장국을 끓여 먹는다.	
75. 민들레	봄·여름/ 잎	어린 잎을 생으로 쌈을 싸 먹거나 마요네즈 등에 무쳐 먹고 잎은 된장국을 끓여 먹으며 뿌리는 잘게 잘라 튀겨 먹는다.	흰민들레· 서양민들레
76. 씀바귀	봄/ 어린순· 뿌리	어린순과 뿌리를 살짝 데쳐서 초고추장에 무쳐 먹는다.	흰씀바귀· 선씀바귀· 좀씀바귀

77. 왕고들빼기	봄·여름/ 속잎	연한 속잎을 육류를 먹을 때 생으로 초고추장에 쌈 싸 먹거나 마요네즈에 무쳐 먹고 된장국을 끓여 먹는다.	
78. 보리뺑이	봄·여름/ 잎	어린 잎을 된장국을 끓여 먹는다.	두메고들빼기·방가지똥
79. 고들빼기	이른봄·가을/ 잎·뿌리	연한 잎과 뿌리로 김치를 담가 먹거나 된장국을 끓여 먹는다.	
80. 치커리	봄/ 잎·뿌리	뿌리로 차를 만들어 끓여 마시고 연한 잎으로 된장국을 먹는다.	
81. 토란*	봄·여름/ 뿌리·잎줄기	뿌리는 껍질을 벗겨 물에 하룻밤 정도 독을 우려낸 후 국을 끓여 먹고, 잎줄기는 말려 두고 삶아 기름에 볶아 먹는다.	
82. 원추리	봄/ 어린순	어린순을 삶아 초고추장에 무쳐 먹거나 말려 두고 기름에 볶아 먹는다.	비비추·각시원추리·왕원추리·큰원추리·노랑원추리·

83. 산마늘	봄·초여름/잎	연한 잎을 생으로 초고추장에 쌈을 싸 먹거나 된장에 묻어 두었다가 겨울에 장아찌로 먹는다.	
84. 산부추	봄/잎·뿌리	새잎을 생으로 초고추장에 무쳐 먹거나 간장에 넣어 먹으며 부침개 등에 넣거나 각종 음식에 양념으로 쓴다.	부추·두메부추·달래
85. 참나리	봄/어린순·비늘줄기	어린순을 삶아 초고추장에 무쳐 먹거나 말려 두고 기름에 볶아 먹는다.	모든 나리류의 식물
86. 얼레지	봄/잎	연한 잎을 삶아 찬물에 하룻밤 정도 담갔다가 무쳐 먹거나 된장국을 끓여 먹고 햇볕에 말려 두고 기름에 볶아 먹는다.	
87. 산자고	봄/잎	연한 잎을 삶아 된장국을 끓여 먹거나 말려서 기름에 볶아 먹는다.	나도개감채·무릇
88. 둥글레	봄/어린순·뿌리	어린순을 삶아 초고추장에 무쳐 먹거나 말려 두고 기름에 볶아 먹고 뿌리는 솥에 쪄서 영양 간식으로 먹는다.	각시둥굴레·통둥굴레·용둥굴레

89. 나도옥잠화	봄/ 잎·줄기	어린 잎과 줄기를 삶아 무쳐 먹거나 말려 두고 기름에 볶아 먹는다.	
90. 참죽나무	봄/ 잎	어린 잎을 삶아 초고추장에 무쳐 먹거나 말려 두고 기름에 튀기거나 기름 양념에 볶아 먹는다.	솜대· 풀솜대· 금강 애기나리· 애기나리· 큰애기나리
91. 고사리	봄/ 잎	어린순을 삶아 햇볕에 말려 두거나 바로 무쳐서, 또는 기름에 볶아 먹는다.	고비· 꿩고비

찾아보기

ㄱ 가락지나물 199
가지 163
각시둥굴레 83
각시원추리 132
갈퀴나물 201
개망초 220
개미취 121
개별꽃 43
개쑥부쟁이 71
갯무 238
고깔제비꽃 98
고들빼기 174
고마리 184
고비 86
고사리 85
고추나무 245
고추나물 49
곰취 122
광대나물 160
광대수염 59
괭이밥 153
구릿대 55
궁궁이 103
금강봄맞이꽃 107
금강애기나리 137
금강제비꽃 99
금낭화 90
기린초 44
긴병꽃풀 57
까치수염 56
꽃다지 152
꽃마리 159
꽈리(독) 36
꿀풀 58
꿩고비 87
꿩의바람꽃(독) 40

ㄴ 나도냉이 194
나도옥잠화 134
나비나물 95
남산제비꽃 50
냉이 150
노란장대 91
노랑투구꽃(독) 30
눈비름 146
는쟁이냉이 93

ㄷ 단풍잎제비꽃 202
단풍취 120
달래 230
닭의장풀 176
당개지치 109
대나물 189
대청 235
대황 141
더덕 64
도라지 63
도라지모싯대 116
독활 100
돌나물 196
동의나물(독) 12
두릅나무 246
두메고들빼기 128
두메부추 243
둥굴레 84
들깨 161
등골나물 67
떡쑥 214
뚝갈 61

ㅁ 만삼 119
말나리 131
말냉이 151
머위 166
메꽃 210

며느리배꼽 142
멸가치 75
명아주 143
모데미풀(독) 14
모시풀 179
모싯대 117
무릇 231
물레나물 48
미국제비꽃 155
미나리 158
미나리냉이 92
미역취 68
미치광이풀(독) 35
민들레 217
민박쥐나물 123
민솜대 135

ㅂ 바보여뀌 185
박 163
박새(독) 18
방가지똥 241
방아풀 113
배초향 110
뱀딸기 198
뱀무 94
번행초 227
벌개미취 216
벌깨덩굴 111
벼룩이자리 186
별꽃 149
병꽃풀 212
보리뱅이 227
봄맞이꽃 208
분취 76
붉은참반디 101
비름 145
뺑쑥 73
뻐꾹채 223

ㅅ 산마늘 130
산박하 112
산부추 80
산비장이 126
산쑥 74
살갈퀴 239
삿갓나물(독) 27
서양민들레 218
서울제비꽃 203
섬말나리 244
섬초롱꽃 240
소리쟁이 181
솔나물 60
솔체꽃 115
솜나물 72
쇠뜨기 232
쇠무릎 147
쇠별꽃 188
쇠비름 148
쇠서나물 79
수리취 77
수영 180
순채 191
싱아 182
쑥 221
쑥부쟁이 215
씀바귀 224

ㅇ 앉은부채(독) 37
애기땅이밥 96
애기똥풀(독) 33
애기메꽃 209
앵초 207
얇은잎제비꽃 51
양지꽃 200
어수리 104
얼레지 129
엉겅퀴 222

여로(독) 20
연 192
연잎꿩의다리 89
염아자 118
오이풀 46
왕고들빼기 226
요강나물(독) 38
우산나물 66
우엉 170
울릉미역취 242
원추리 177
유채 236
은방울꽃(독) 22

ㅈ 잔대 62
장구채 190
장대나물 195
절굿대 78
점나도나물 187
점현호색(독) 34
제비꽃 204
졸방제비꽃 52
좀씀바귀 171
쥐오줌풀 114
지느러미엉겅퀴 168
지치 211
지칭개나물 169
진득찰 167
진범(독) 28
진퍼리까치수염 206
질경이 213
짚신나물 47

ㅊ 차즈기 161
참꽃마리 108
참나리 228
참나물 102
참동의나물(독) 26

참좁쌀풀 105
참죽나무 248
참취 69
천남성(독) 24
초롱꽃 65
치커리 172

ㅋ 콩제비꽃 54
큰각시취 125
큰뱀무 45
큰수리취 127
큰애기나리 138
큰앵초 106
큰엉겅퀴 124
큰연영초(독) 31
큰황새냉이 193

ㅌ 태백제비꽃 97
털중나리 82
토란 175
톱풀 70
투구꽃(독) 16

ㅍ 풀솜대 136
피나물(독) 32
피마자 154

ㅎ 하늘말나리 81
호박 165
호장근 183
호제비꽃 156
홀아비바람꽃(독) 40
회리바람꽃(독) 39
흰낚시제비꽃 205
흰명아주 144
흰씀바귀 225
흰진범(독) 29